世界探索发现系列 *Shijie Tansuo Fa*

Bukesiyi De Renlei Xuan'an

不可思议的人类悬案

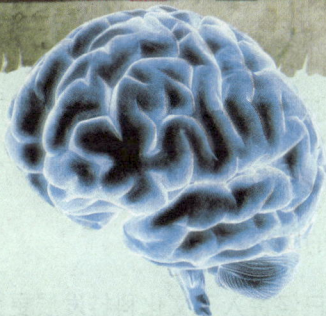

主编：崔钟雷

北方联合出版传媒（集团）股份有限公司

万卷出版公司

世界探索发现系列
Shijie Tansuo Faxian Xilie

不可思议的人类悬案
Buke Siyi De Renlei Xuan'an

前言

探索，是人类在未知道路上的求解；发现，是人类在迷雾中触摸到的新知。当历史和未来变得扑朔迷离，人类在探索的道路上不断成长；当曾经的奥秘变成真理，人类在发现中看到新的希望。包罗万象的人类世界有着自己的绚丽和神奇：浩瀚飘渺的宇宙空间，让人类既迷惑又神往；骇人听闻的外星人事件，让人类相信外星智慧生命的存在并努力寻找；纷繁复杂的历史疑云，总是成为人类认识和了解过去的绊脚石。纵然探索的道路上荆棘丛生，但人类在创新和实践中坚定了信念，并从未停止过发现的脚步。

转眼间，人类已经进入了文化科技发展更为迅猛的 21 世纪，历史的疑团还没有解开，未来的生活又将带给我们更多的迷惘。作为 21 世纪的新新人类，只有用知识武装自己的头脑，不断丰富自己的阅历，才能增加自己思考判断的能力，在快节奏的现代生活中占据主动。

    有鉴于此,我们精心编排了这套文化大餐——"世界探索发现"系列丛书,希望能为您的课外生活增添新的乐趣。这套丛书,涉及天文、地理、历史、文化、科技、军事、名人以及海盗等诸多领域,涵盖悬疑、未解、探秘、追踪等多种形式,带您探索自然界的神奇奥妙,倾听扣人心弦的传奇故事,挖掘历史背后鲜为人知的秘密。让您在读书的过程中不单单是在接受知识的灌溉,同时还有身临其境的快意和启迪人生的灵感。

    本套丛书坚持传承经典的图书风格,以清晰严密的结构、精细独特的选材、通俗平实的文字和细腻精美的图片,为中国青少年儿童构建一座知识交流的平台。揭开历史的面纱,解开知识的问号,是我们对读者的承诺。我们希望这套丛书不仅是您扩展阅读的途径,更能成为您成长道路上的良师益友。现在,就让我们整理好思绪,背起行囊,共同踏上探索发现的道路!

编　者

目录·CONTENTS >>>

奇异能力

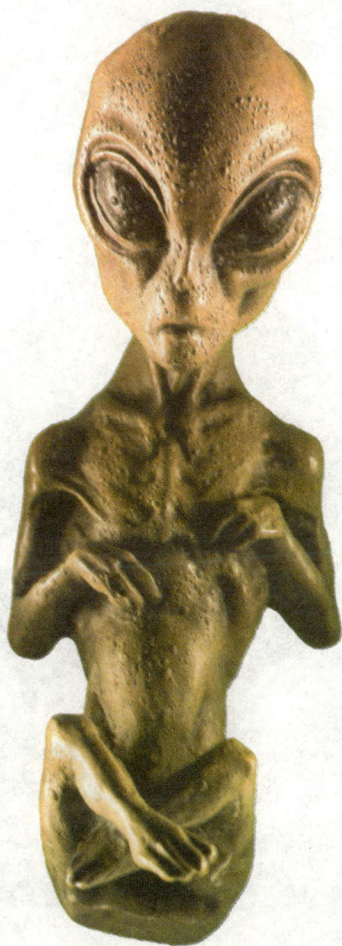

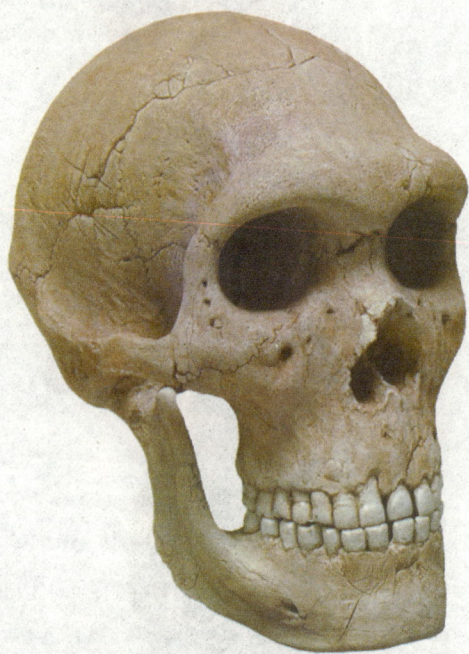

"认识你自己",这是著名哲学家苏格拉底的一句名言。这句话充分显示了人类认识自身的过程是长期的、复杂的,而且是艰难的。虽然随着人类认识能力的提高,探索了许多未知的领域,但是人体自身的许多神奇现象至今仍困扰这当代的科学工作者。

Buke Siyi De Renlei Xuan'an

|不可思议的人类悬案|

1

人体奥秘

RENTI AOMI

人脑之谜

SHIJIE TANSUO FAXIAN XILIE

脑是如何工作的？它究竟在做什么？千百年来，这些问题吸引着无数人，也不断向人们提出挑战。也许，了解脑是人类认识的最后疆界。但现在，我们终于能够涉足这一领域了，当然也有动力驱使着我们这样做。

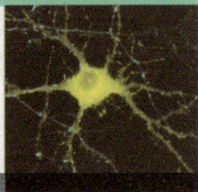

人类在世界的历史上创造了许多伟大的奇迹，而这些奇迹的创造要归功于我们人类有一个与众不同的脑。尽管人类创造出了种种的奇迹，但是对于人脑的认识却充满了未解之谜，等待着我们去探索、去解决。

古时人们认为正常精神活动与脑毫无关系，这个观点终于因克罗托内镇的阿尔克迈翁的一个伟大发现而发生了改变。阿尔克迈翁发现，确实有连接物从眼导向脑。他断定，这个区域就是思维的发生地。这个革命性的想法与两名埃及解剖学家希罗菲勒斯和埃拉西斯特拉图斯的观察异曲同工。这两位解剖学家曾设法跟踪神经（显然当时还未被鉴定为神经），以了解它如何从人体的其他部位传入脑。人类的脑，已被公认为我们全部思维和情感的掌管者，它本身是一个最引人注意的谜团。

脑是怎样工作的？这个问题实在太笼统、太含糊，用实际的实验或观察来回答没有任何意义。我们需要做的是回答某些特定的子问题，通过对这些子问题的解答，我们最终将对脑——这团以某种方式蕴含着一个个性的神秘组织——认识。

众所周知，人类的大脑是人的感觉和运动的总指挥部。人的一切感觉都由大脑皮层下的下丘脑支配。

下丘脑的功能无论对于动物，还是对于人体都是至关重要的。比如，破坏了动物或人下丘脑上分管饥饿的神经中枢，动物或人就会不愿进食，失去饥饿感；而用电流刺激饥饿中枢，即使实验对象刚刚吃饱，也会立即扑向食物。既然下丘脑与人和动物的一些欲望有必然的联系，那么，醉鬼对酒精的嗜好会不会也与下丘脑有关呢？十几年前，苏联医学科学院的K·苏达科夫对此进行了研究。酒和水都是液

体,既然下丘脑上有渴中枢,那么,下丘脑上会不会也有嗜酒中枢呢?为此,苏达科夫等人做了一系列的实验。最初,他们给一群老鼠连喝了一个月的"酒"(含酒精20%),结果老鼠们全都变成了"酒鬼"。然后,研究者破坏了其中一部分醉鼠的渴中枢,接连数天不让正常的、已被破坏和未破坏中枢的老鼠"酒鬼"喝水,而后将水和稀酒精放在它们面前,醉鼠中只有6只选择了前者,其余的全部挑选了稀酒精。而未喝过酒的老鼠和动过手术的醉鼠选中的是清水。这个实验有力地说明了,动物大脑中的嗜酒中枢极有可能是渴中枢受酒精刺激后才转化而成的。所以,科学家认为,可以通过手术来根治酒徒。

上述实验目前仅限于动物试验阶段。动物的大脑中是否存在嗜酒中枢,还有待进一步的证明;至于人脑中是否存在嗜酒中枢,更是尚未定论的科学之谜。

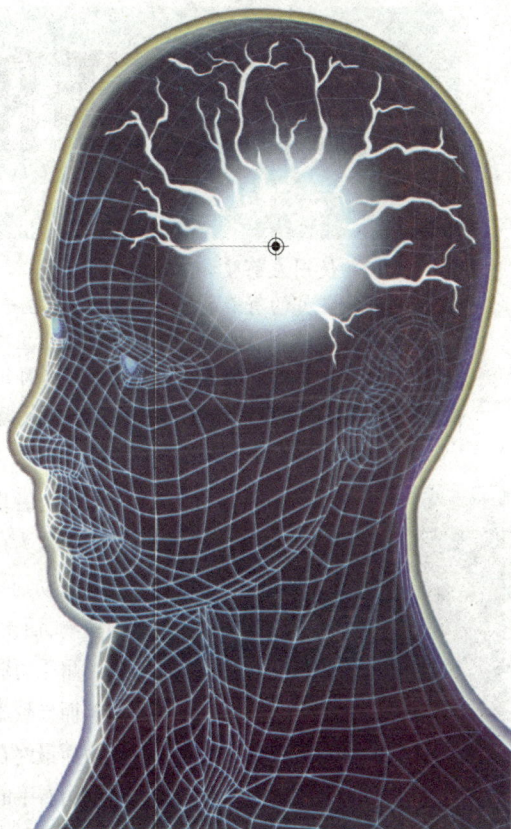

● 春天人容易困倦是大脑的生理反应。

左右手的奥秘

SHIJIE TANSUO FAXIAN XILIE

动物使用左前肢和右前肢的概率基本上是相等的，而作为万物之灵的有着灵巧双手的人类，左手与右手的使用概率却极不相同，大多数的人习惯于用右手，而使用左手的人仅占世界人口的 6%~12%，为何比例如此悬殊？

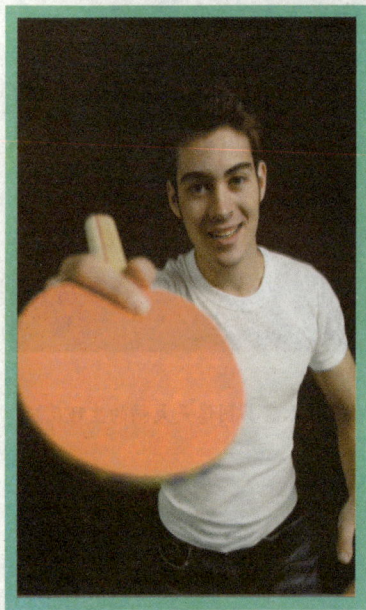

最近，瑞士科学家依尔文博士提出了一个新的假设。他认为在远古的时代，人类祖先使用左右手的几率与其它动物一样，都是均等的，只是由于还不认识周围的植物，而误食其中有毒的部分，左撇子的人对植物毒素的耐受力弱，最终因植物毒素对中枢神经系统的严重影响而导致难以继续生存；而右撇子的人以其顽强的耐受力而最终在自然界中获得生存能力，并代代相传，使得使用右手的人成为当今世界中的绝大多数。

美国科学家彼得·欧文也通过实验证实了依尔文的假说，他挑选 88 名实验对象，其中有 12 名左撇子。他对这些志愿者用了神经镇静药物后，通过脑照相及脑电图发现：左撇子大脑的反应变化与右撇子有极大的不同，几乎所有的左撇子都表现出极强烈的大脑反应，有的甚至看上去像正在发作癫痫病的患者，有的还出现了神经迟滞和学习功能紊乱的症状。

如果同意依尔文的假说，那么，左撇子者少，就成了人类历史初期自然淘汰的结果，左撇子实际上是人类中的弱者。

的确，在一个多世纪前，人们普遍把左撇子看成是一种疾病，以为这是由于产妇遇到难产时，婴儿的左侧大脑受到了损害，使控制右手以及文字和语言功能都产生障碍，婴儿在以后的生长过程中经常用左手。

然而，事实却与一个多世纪前人们的认识以及依尔文假说推出的结论有很大的出入。我们生活中的左撇子大多是聪颖智慧、才思敏捷的人，特别是在一些需要想像力和空间距离感的职业中，左撇子往往都是其中最优秀的人才。现代解剖学给了我们如下的解释：人的大脑的左右半球各有分工，大脑左半球主要负责推理、逻辑和语言；而大脑右半球则注重几何形状的感觉，负责感情、想像力和空间距离，具有直接对视觉信号进行判断的功能。因此，从"看东西"的大脑到进行动作，右撇子走的是"大脑右半球—大脑左半球—右手"的神经反应路线，而左撇子走的是"大脑右半球—左手"的路线，左撇子比右撇子在动作敏捷性方面占有优势。据此观点，左撇子又是生活中的强者。

那么人们能不能够左右开弓呢？两手都擅长同时发挥他们最大的作用。在不远的将来，这或许随着人类的不断进步能最终实现。

左手写字的技巧

左手写字和右手写字有许多不同，左手书法只是改变了持笔的手，字的起笔顺序、段落排布还必须遵守总的原则。汉字的结构和笔顺都是基于右手方便设计的，改用左手写字需要一些特殊的技巧。

善变的体温

SHIJIE TANSUO FAXIAN XILIE

SHIJIE TANSUO FAXIAN XILIE

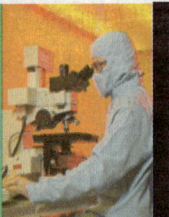

美国妇女玛西亚接受脑部血管破裂修补手术后，得了一种罕见的『体温骤升暴跌病』。美国太空总署的科学家认为，这种体温骤变的情况只有人在太空中才有可能出现，玛西亚穿上美国太空总署借给她的太空保温衣后，体温保持了正常。

体温，通常指人体内部的温度。我们知道，人体的体温是比较恒定的，但也非一成不变，它在正常范围内，受着多种因素的影响，有一定正常的波动范围。人体温度相对恒定是维持人体正常生命活动的重要条件之一，如体温高于41℃或低于25℃时将严重影响各系统的机能活动，甚至危害生命。机体的产热和散热，是受神经中枢调节的，很多疾病都可使体温正常调节机能发生障碍而使体温发生变化。临床上对病人检查体温，观察其变化对诊断疾病或判断某些疾病的预防有重要意义。

地球表面的温度一年四季在不断地变化，各个地区的气温也大不相同。人类由于具有完善的体温调节机制，并能采取防寒保暖措施，故能够在极端严酷的气候条件下生活和工作，并维持较恒定的体温，即37℃左右。

恒温动物维持体温恒定的机能是在进化过程中产生的。低等动物(无脊椎动物及低等脊椎动物、爬行动物、两栖动物和鱼类)没有完善的体温调节机构，它们的体温随着环境温度或接受太阳辐射热

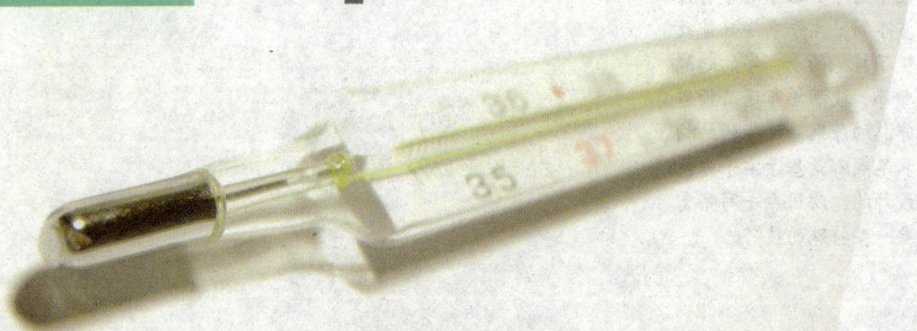

的多少而发生改变,称为变温动物。变温动物只有在其适宜温度范围内才能生长、繁殖和进行正常活动。而当环境温度过高或过低时,它们将隐蔽起来或进入休眠。鸟类、哺乳类、尤其是人类的体温调节机制进化完善,在不同环境温度下都能保持体温相对稳定,为恒温动物。恒定的体温使机体各器官系统的机能活动持续稳定地保持在较高的水平上,这样就增强了机体适应环境的能力。

人的体温在昼夜有周期性的变化,关于体温昼夜周期性变化的原因迄今尚未阐明。一般认为这种周期性变化主要取决于机体的内因,是内部规律性所决定的。它的变化,可能同机体昼夜间活动与安静的节律性、代谢、血液循环及呼吸功能的周期变化有关。外在条件对昼夜间体温周期性亦有影响,例如长期夜班工作的人,体温周期性波动与一般人不同,可出现夜间体温升高,白天体温下降的现象。

然而在美国,却有一位靠太空衣维持正常体温的空中小姐凯蒂丝。原本她整天在空中"飞来飞去",可现在却连自己的房间也难以离开。用她自己的话说:"我有时好几个星期都平安无事,体温大幅度变化突然在某一天发作好几次。体温有时低到31.26℃,但一会儿又高到40.88℃。我简直是活在死亡的边缘。"凯蒂丝并没有动过什么脑部手术,她是莫名其妙地出现了体温骤升暴跌的症状。她虽然是空中小姐,但从未乘航天飞机进入过太空。她为何会患上这种太空人才可能得的病呢?到目前为止专家也未能为她诊断清楚。

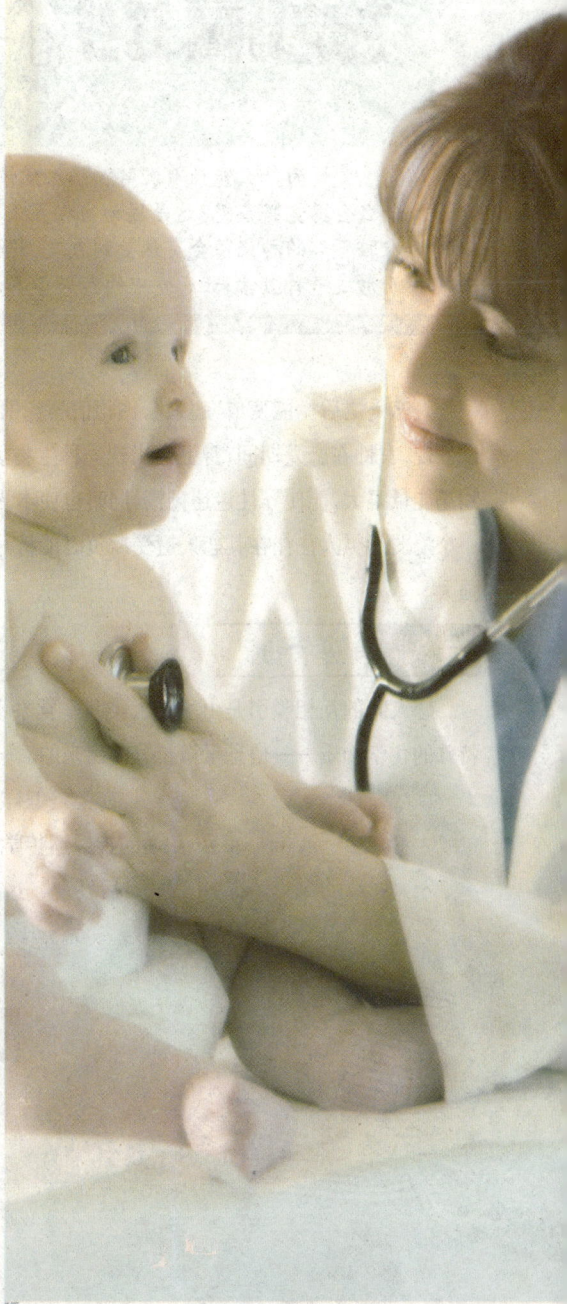

爱情的科学揭秘

SHIJIE TANSUO FAXIAN XILIE

爱情为什么能让人沉醉？陷入爱情"陷阱"里的人为什么会感觉兴奋呢？这是因为当相互吸引的男女相遇时，人脑下部的神经便会突然受到激发，产生电化学活动。从而形成一种激素，让恋爱中的人兴奋不已。

人恋爱之后竟能变成"超人"，你相信吗？俄罗斯专家梅奇科夫斯基用一种特制的仪器测试发现，女性在恋爱期间，身上会出现一种生物场并产生辐射以吸引周围的男性，有时这种生物场能量很大，能使异性迷迷糊糊，同时也使本人妩媚无比。男性在热恋时则体力增强，所以，一个瘦弱的男人往往在其恋人遭受欺负时能将一个彪形大汉打倒在地。可见爱情的力量十分强大。

爱情的"气味"

恋人间的互相吸引是由一种人类几乎觉察不到的气味引起的，这种气味是由人身上一种特殊的化学物质——信息素微粒分泌出来的。一见钟情完全是由这种物质导演的。

人类是怎样闻"香"识伴侣的呢？美国洛克菲勒和耶鲁大学的神经遗传学家们，在对上百对热恋情人志愿者进行研究后发现，这些热恋的人们身上的基因都是由大量的信息素分子产生的。也就是说，人类是靠气味来寻找、识别自己的恋人的。

爱情心有灵犀

一对恋人的确可以心有灵犀，科学家已经证实了这一点。最新发表的一项研究报告宣称：一对恋人即使被分隔开，彼此见不到，也听不到对方的声音，脑电波竟仍能相互起反应。

墨西哥国立大学心理学教授格连伯格叫一

对恋人面对面而坐，四目相对，尝试作思想和情感的交流，但彼此不得交谈或身体接触。几分钟后，这对恋人被带到相邻的两个房间，接上测量脑电波的仪器。为了确保实验的可靠性，房间有隔音设备。然后，研究员会给其中一个人某种刺激，如强光或刺痛。此时，受刺激的那个人会作出反应，脑电波亦出现变化。令人惊奇的是，在邻房的恋人并不受刺激，也看不到、听不到他的爱人在另一间房内的反应，但这位恋人的脑电波却同时出现变化。研究员事后将两人的脑电波进行比较后发现，两者的变化几乎完全一样。

格连伯格说，他进行的实验显示，这种心灵联系不只在情侣身上出现，在好友、至亲或同事之间也可能存在，但脑电波反应最接近的仍是恋人。

人体内的细菌之谜

SHIJIE TANSUO FAXIAN XILIE

在人从出生到死亡的近百年中，无时无刻不在与细菌打交道。细菌不仅存在于自然环境中，甚至还"寄居"于我们的体内。

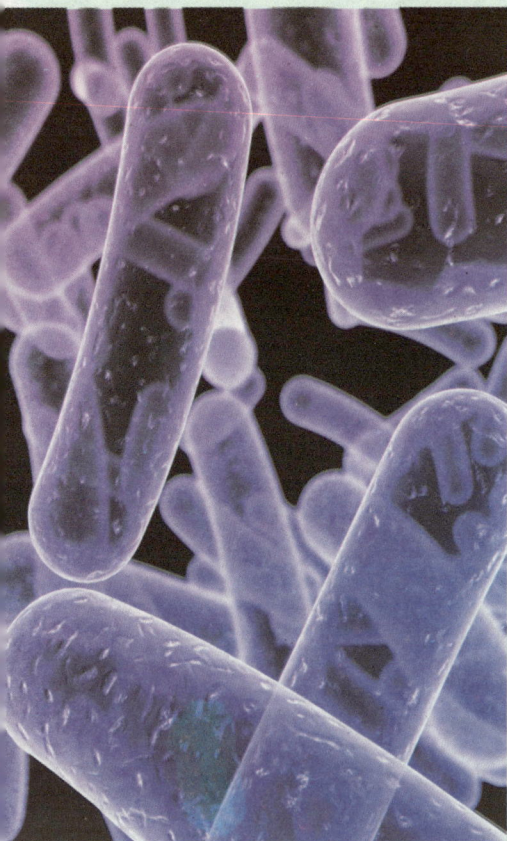

人们将那些一般情况下不会引发疾病的细菌称为"正常菌群"。但也有些科学家认为，正常菌群与致病菌性质是相同的。它们看似"正常"，可实际上却在暗中慢慢地侵蚀人体。人体表面的皮肤每天都在与暂居菌接触，它们会在皮脂分泌旺盛的皮肤上留下令人烦恼的痤疮。因此，一些科学家认为人体正常菌群是人类健康的潜在威胁。

另外一些科学家则认为正常菌群对人体的影响是利大于弊的。如一些病菌群经常会污染皮肤表面，而正常菌群能抑制这些致病菌的生长，使皮肤较少受到感染；正常菌群还可以为人体提供维生素 K，它全部由肠道菌群合成，如果新生儿由人工喂养，那么他的患病率明显高于母乳喂养的婴儿，这是由于他的肠道中缺乏双歧杆菌。

还有一些科学家认为正常菌群与人体之间保持着平衡关系。可人体各部位存在着数十亿细菌，它们是怎样与人体保持着亲密的平衡关系，还需要科学家们做进一步的研究。

猝死之谜

SHIJIE TANSUO FAXIAN XILIE

　　在人的一生中会有很多的意外发生,有些意外是可以预防的,但有些意外却是不可预知的,猝死就是各种意外中最难预防的。猝死的人中有成功的企业家,也有处于最好状态的运动员,可以说猝死的发生不分年龄和人群。

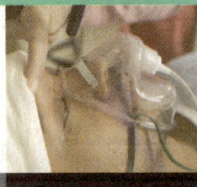

　　猝死是指人在毫无异常的情况下,并在6个小时内迅速死亡,有的人甚至会在几分钟或几秒钟之内停止心跳。

　　科学家认为,猝死是由于控制心脏搏动的电活动发生故障引起的。一般情况下,心肌细胞的电流处于均衡协调的状态,一旦电活动发生故障,心脏内部电流的均衡状态就会被破坏,心肌细胞就会失控,心脏的收缩舒张便发生紊乱。

　　还有科学家提出,心脏猝死的根源在于大脑而非心脏。控制心脏工作的大脑区域若发生故障,会产生使心脏失常的化学物质,导致心肌颤动,引发猝死。

　　还有一种看法认为,心脏猝死与人体情绪波动有关。研究结果证实,承受巨大的精神压力、愤怒、悲伤等情绪,不但马上会引起心脏功能失常,而且还会在之后诱发心脏病猝死。情绪波动与心脏猝死联系密切。

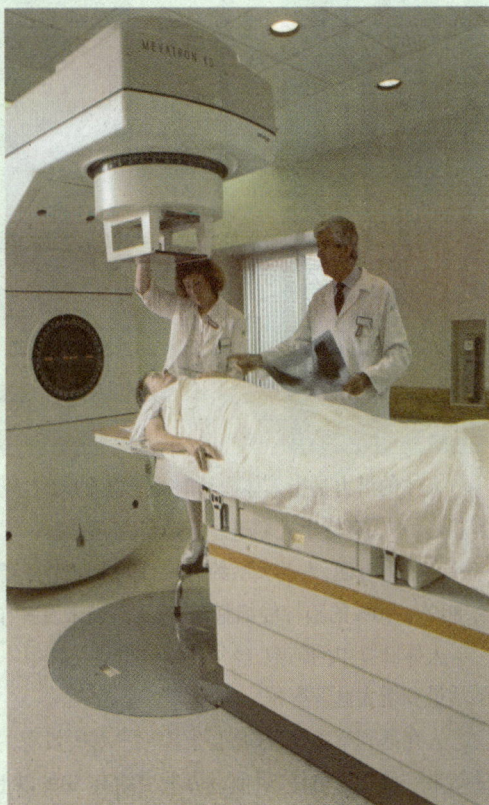

人体潜力的奥秘

SHIJIE TANSUO FAXIAN XILIE

我们常常会听到这样一句话："他是很有潜力的。"那么，什么是潜力？人体到底有多大潜力呢？

人体的潜力是指人体内暂时处于潜在状态还没有发挥出来的力量。科学家发现，人体的潜力相当惊人，有待于人们进一步地研究、挖掘。

在智力方面，人的大脑约有一百四十亿个神经细胞，而经常活动和运用的不过十多亿个，还有 80%～90% 的脑神经细胞在"睡觉"，尚未发挥作用。

人体肺脏中的肺泡，经常使用的也只是其中一小部分。通过锻炼身体可以发挥其潜力，提高肺活量和增大血管容积。

人在遇到紧急情况时，会发挥出平时所没有的力量，这是人体潜力在紧急关头被发挥出来的结果。科学家估计，目前世界上大约有 50% 以上的疾病不需要治疗就能自愈，这也被认为是人体潜力的作用。这种潜力包括人体免疫系统的防御作用和自身稳定作用等。

人体具有多方面的潜力，好多方面尚未被人们认识。进一步研究、挖掘这种人体潜力，是目前人体医学发展的方向。

孪生心心相通之谜

SHIJIE TANSUO FAXIAN XILIE

美国俄亥俄州有一对从小就被分开的孪生子，分别39年后相遇，两人发现彼此都受过法律教育，同样爱好机械制图和木工制作。更令人称奇的是，两人的前妻同名，儿子同名，第二任妻子的名字竟也相同。

美国还有一个三胞胎兄弟，1961年出生后，分别被三个不同的家庭所抚养。1980年，他们重逢了，彼此发现三人虽然在不同的环境里长大，但是却有许多相同的习性，比如：喜欢吃意大利餐，喜欢听柔和的摇滚乐，还喜欢摔跤，而且三人的智商虽然都很高，但数学同样都不及格。同时，三个人都接受过精神医生的治疗，甚至三个人重逢时，大家拿出的香烟也是同一个牌子的。

双胞胎在心灵上的沟通是怎样进行的？是什么原因造成他们"心有灵犀"、"心心相通"的呢？这些也正是科学家努力探求的问题。

世界上大约每一百次分娩中就有一次是双胞胎，其中四分之一是同卵双生。同卵双生婴儿一定是同性的，他们不仅相貌极其相似，就连经历、爱好也常常相同。为此，美国、意大利和日本等国家都设立了专门的研究机构。

被密封 5 300 年的"冰人"

SHIJIE TANSUO FAXIAN XILIE

在阿尔卑斯山南部冰雪半融的高山上，法医专家雷莫纳·汉恩发现了一个冰人，冰人的皮肤、内部器官甚至他的眼睛依然保持完好，这个冰人是一具最古老的完整无缺的人体。

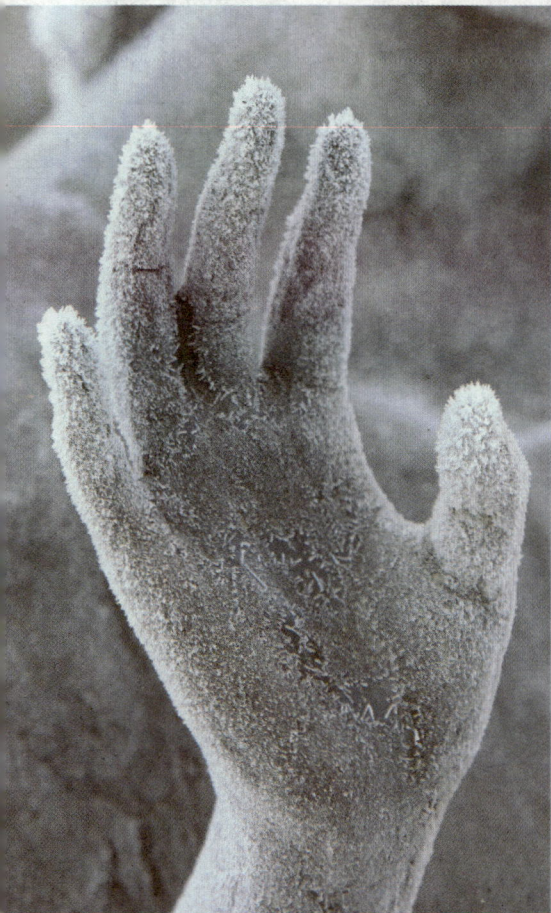

在阿尔卑斯山南部发现的冰人，是一具最古老的完整无缺的人体。科学家们正在研究冰人和他那令人惊奇的复杂的工具的线索：古人在 5 300 年前是如何生活的。

当看见一把尖刀般的打火石时，雷莫纳·汉恩就意识到他们从冰中挖掘出的人可能是现代考古最重要的发现。被发现的冰人穿着鹿皮衣和草披肩，在附近是他依旧保持着原貌的工具：弓和箭、一把铜斧和其他工具。据考证，这个冰人已经被密封在阿尔卑斯山希米龙冰川中大约有 5 300 年了，是至今发现的最古老的保存最好的人体。

冰人身高有 1.76 米，重 50 千克左右，右耳垂有一深深的洞，身上多处皮肤都有十分好看的刺花纹：背上有 14 条细刺纹、脚上和身上都有多处文身标志。

康纳德·斯宾德表示："这不像现代装饰性的刺花纹，这些文身必定有其特殊的含义。这些文身很可能是用针刺皮肤后，然后将灰抹擦或用颜色抹擦到伤口上制成的。但是没有办法进行印证。

对冰人的物理检验，会不利于其完整保

冰人死因

自从发现冰人以来，科学家们一直在研究他的死因。根据科学家们的最新研究发现，冰人可能是被谋杀的。

人们的期待

冰人之死迷雾重重。新的科学技术真的能揭开冰人死亡的真相吗？究竟他是冰冻死亡还是被人谋杀，还是科学家们的进一步研究。

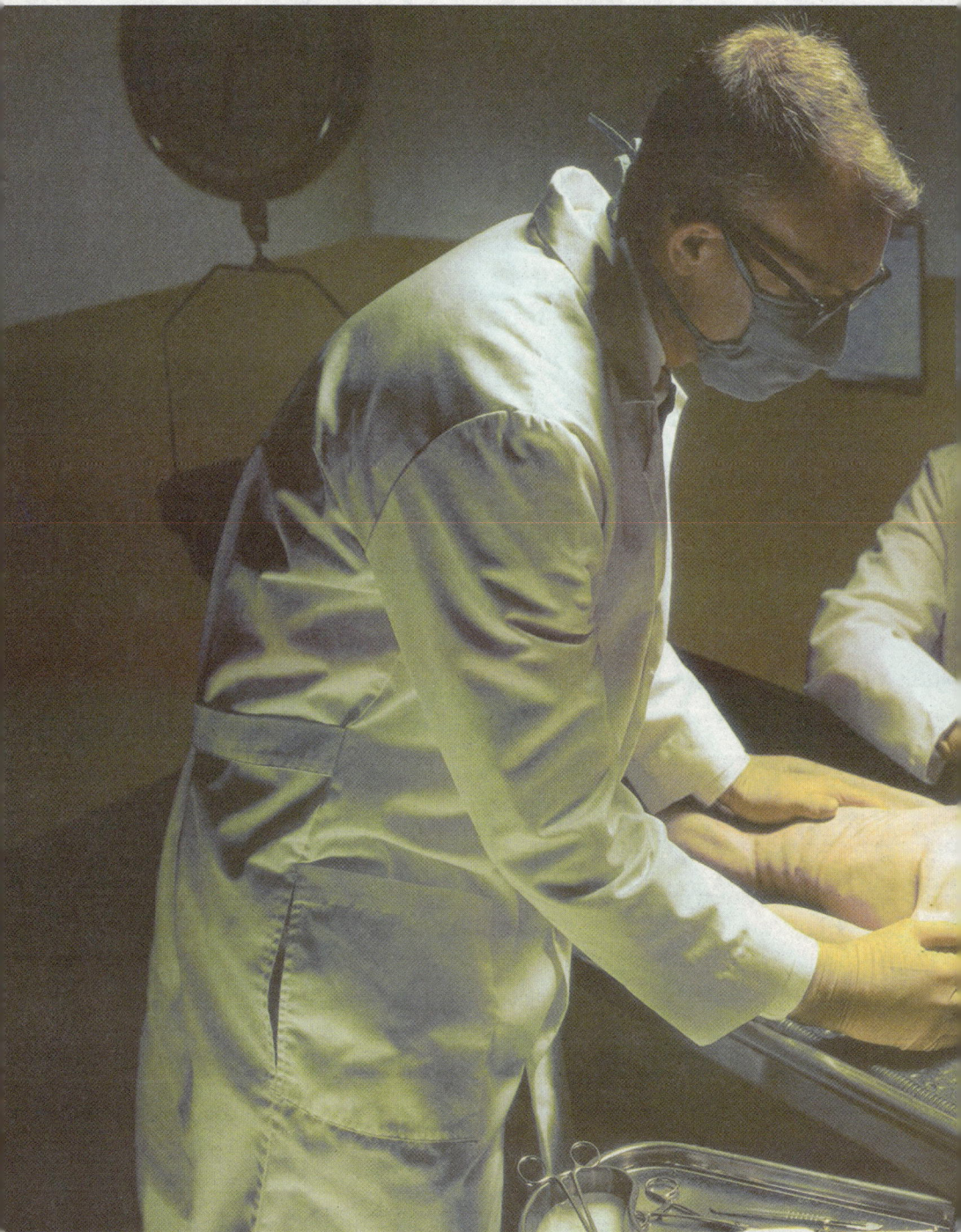

存，因而研究人员正在研制高效能计算机——允许他们全面利用冰人而又不必碰触木乃伊。专家们利用计算机的轴向层面 X 光线照相技术扫描得到了三维立体图，并可以在计算机显示屏上观察到冰人的骨骼和器官。结合计算机辅助绘图程序的一台 CAT 能够将此数据创制成三维塑料骨骼，即精确的原始器官的复制品。据英斯布鲁克大学生理系主任瓦纳·普拉兹介绍，这名男子死亡时侧身向左边倾斜，其右臂伸出放在其臀部，身上唯一饰物是 5 厘米技状皮饰的白玉石圆盘，有 4 个 7.62 厘米长的带子在他的左脚上部。从他磨损的牙齿分析，科学家推测他的食物中极可能包括磨料面包。从他外衣中还发现了两粒远古麦子，这两粒麦子可以有力地证明他生活在靠近阿尔卑斯山脚下低地耕作的地区。

大约在 7 000 年前，新石器时代的欧洲人就开始耕种土地。最初的农民将森林开辟为耕地，他们也从事狩猎和钓鱼，最终成为熟练的半游牧民族。冰人正好反映了耕作与放牧这两种生活。因为无法对冰人进行更为详尽的研究，只能把遗体放到英斯布鲁克大学实验室，妥善地保护起来，与此同时，研究人员开始对他的附属物展开研究。在德国美因兹市罗马—德国中心博物馆，考古学家马科斯·艾格对冰人的皮制物品进行了除油脱水处理，又将草编手工制品消除湿气制成干制品，他随身的木制品也被清洗并上蜡防腐。在冰人的木制品中，要数尚未雕琢修整好的长弓最为显眼，它是用紫杉树心制成，时至今日，紫杉树依然生长在冰人被发现的地方——希米龙冰川下的山谷之中，传闻这个山谷是制造高质量弓的地方。冰人工具中还有一个 U 型箭筒，这是世界上最古老的用棒木制成的箭筒。箭筒中有 12 支箭杆和两支精细加工的箭，顶端有特制的尖尖的打火石，上面含有从煮沸过的白桦树根取得的树胶。在冰人的所有工具中，最令科学家惊奇的是他的铜斧，这把斧子的刀刃大概 10.16 厘米，有明显的锻造加工痕迹，可以说这把斧头同时代表着两个时代。经过 X 射线检查，箭筒的内部有一球状绳子、一支鹿角，这些工具的具体用途尚不知晓。根据冰人携带的工具，和对周围许多动物粪粒样东西的试验性分析，科学家分析冰人可能是牧羊人，他之所以来到这个山谷是为了削一只新弓。正赶上暴风雪，为了寻找躲避的地方而筋疲力尽，在恶劣的天气条件下熟睡在山谷的壕沟中，结果造成冰冻死亡。至于更为具体的细节还需要进一步研究。随着技术的进步和科学家们的不懈努力，冰人的秘密将逐渐揭开。

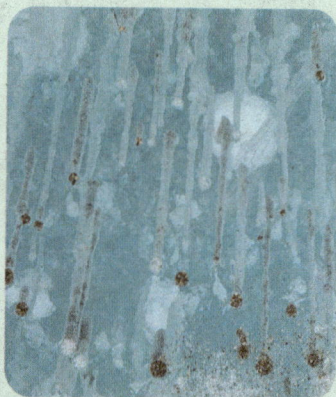

胎儿的奇异功能

SHIJIE TANSUO FAXIAN XILIE

　　人体呼吸系统的主要器官——肺，总是在不停地吸入新鲜空气，然后把空气中的氧气留下来，再把身体产生的废气（主要是二氧化碳）排出去。

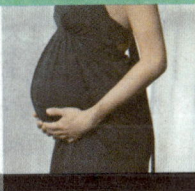

　　人在出生之前，肺里边一点儿空气都没有，而且肺里还灌满了"肺液"。所以到出生时，麻烦就来了。首先，必须先把肺里面的水弄走；其次，还得让肺张开，这需要婴儿自己能吸气才行。

　　胎儿肺里的肺液，少的有六七十毫升，多的足有一二百毫升。可是婴儿一出生只要一吸气，这些肺液又都不见了，它们跑到哪里去了呢？

　　经研究，医学家发现婴儿第一次吸气很用力，进入到肺里的空气增多，再用力呼气，把肺里的肺液往上赶，肺的淋巴管马上就会把肺液吸走。这么几次呼吸之后，余下的肺液就收拾干净了。这种说法立刻招来其他医学家的反对。反对的理由众多，可是直到现在，医学家还不知道婴儿肺里的肺液，究竟是怎样排除的。

胎　教

现代医学证实，胎儿有接受教育的潜在奇能，主要是通过中枢神经系统与感觉器官来实现的。据美国心理学家对千余名儿童的多年研究，得出的结论是：人的智力获得，50%在4岁以前，30%在4～8岁之间获得，另外20%在8岁以后完成。

人类的外激素——费洛蒙之谜

SHIJIE TANSUO FAXIAN XILIE

一个陌生人与你仅一面之缘，却在你短暂模糊的记忆里留下了深刻的印象，甚至影响你的心情，为什么会这样呢？最近的科学研究终于揭开了这个谜底，原来那看不见、摸不着的东西就是人类与生俱来的外激素——费洛蒙。

费洛蒙是生物体分泌的交换讯息的微量化学物质，瑞典湖丁大学附属医院的科学家发表的关于费洛蒙确实会对人体产生影响的研究成果，终于揭开了人类是否具有外激素的科学之谜。

科学家分别让 12 名男子和 12 名女子嗅一系列气味，一种是普通的空气，一种是香草香精，再一种是跟人体雄激素或雌激素类似的化学品。科学家埃文卡·撒维斯与其同事发现闻过雄激素或雌激素类似的化学品的男子和女子，都会出现脑部下视丘血液流量增加的现象。

20 世纪初，法国科学家布尔开始研究昆虫费洛蒙。其后，德国化学家布特南于 1959 年提炼出第一个费洛蒙分子——家蚕醇。1987 年，加拿大籍科学家斯特希发现雌性金鱼在繁殖排卵之际能同时释放出费洛蒙，这是人类首次发现脊椎动物也能释放费洛蒙。

费洛蒙的作用

1.费洛蒙增加异性对你的好感，提升你的个人魅力。
2.费洛蒙可以让人们在潜意识中对你产生好感，更容易与你成交。
3.费洛蒙能让你周围的人对你无比信任，并感到你的自信。

人类心脏可能有记忆

SHIJIE TANSUO FAXIAN XILIE

传统医学认为只有大脑才具备记忆功能，心脏不具备这项功能。但有一个事例却使这个结论受到了质疑。

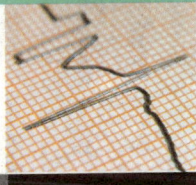

新心脏，新性格

在美国，40岁的退休货车司机杰姆·克拉克从来不曾给妻子玛吉写过一封情书，因为他15岁就离开了学校，没受过多少教育。

所以当有一天，杰姆突然坐到桌子前，开始给妻子写下一行行的情诗，表达细腻的情思时，连他自己都感到震惊。就在半年前，杰姆刚刚接受过心脏移植手术，他确信自己写诗的"怪癖"来自那颗移植的心脏，因为捐赠者一家都爱写诗。根据科学统计，在第一例心脏移植手术实施后的40年里，每10例接受换心手术的病人中，就有一人会出现性格改变的现象。

心脏是否拥有记忆功能

美国加州心脏科学协会的专家也深信：心脏并非一个"泵"那么简单。他们最近发现一种具有长期记忆和短期记忆的神经细胞在心脏中工作着，并且它们还组成了一个微小但却复杂的神经系统。但"心脏具有记忆"的观点目前仍未获得主流医学界的认可。

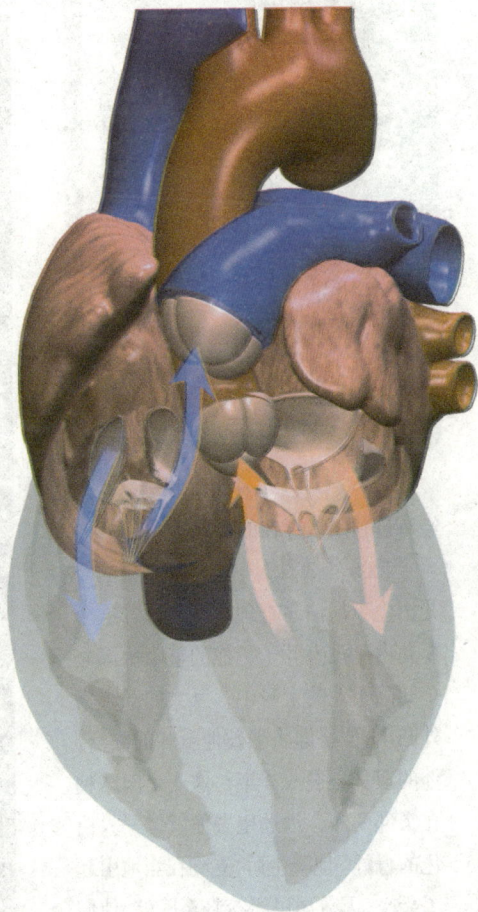

相貌和身体怪异的人

SHIJIE TANSUO FAXIAN XILIE

沉鱼落雁，闭月羞花，倾国倾城，美如冠玉，其貌不扬，尖嘴猴腮……这些都是形容人的相貌仪表的词语。人们根据自己的审美标准来衡量一个人的长相。不过，有些人的相貌很怪异，不能用以往的简单标准来衡量。

在南美洲亚马孙河流域有个 40 岁的男人，名叫奥鲁加。此人的头部天生畸形移位。他的脸部长在背后。最近，巴西国立研究院准备为奥鲁加进行头部朝向纠正手术，但成功率只有 50%。

日本科学家于 1989 年 9 月 21 日，在南太平洋斐济以南 80 公里的卡达吾小岛的浅墓里，发现了一只独眼人的头盖骨。经化验证明，这个独眼人死于 1941 年至 1944 年之间。这副头骨的中央有一个拳头大小的眼窝，就像希腊神话中描述的独眼巨人一样。头骨有西瓜那么大。此人起码有 1.8 米高。现代独眼人头骨的发现，将改变人们不敢确信是否曾

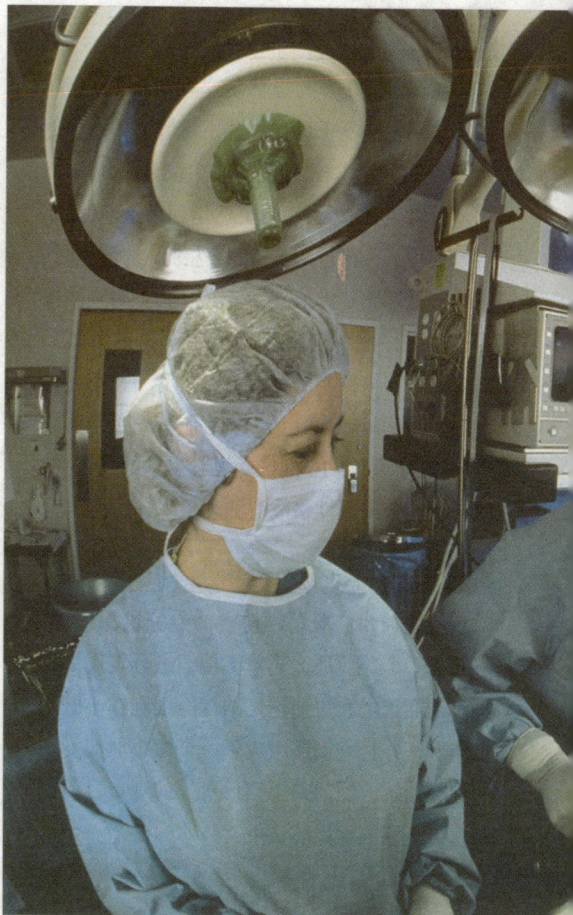

经有过独眼人存在的情况。

2006 年 3 月，一个外貌奇特的婴儿出生于尼泊尔查理库特地区，这个婴儿由于没有脖子，他的整个头部完全凹陷于他的上身中，巨大的双眼格外凸出，似乎即将涨破他臃肿的眼窝，他的双耳分裂成 4 半，像 4 个肉球粘在头部两侧，远远望去他就像一只白色的青蛙。他降生后，立刻在当地引起了轰动，无数居民纷纷赶至医院，他们

好奇而又困惑地围在婴儿身边，仔细查看该男婴的怪异特征，谈论着他的异常外表是否与传说中的妖魔鬼怪相关。然而不幸的是，婴儿在出生1个半小时后便夭折，医院方将这个噩耗告知他的母亲后，便将这个"青蛙人"留在医院，作为检查和研究之用。婴儿的母亲之前生育了两个正常的女儿，她在怀孕期间并未遭受任何疾病侵袭，没有任何异常情况发生。

上海市金山县兴塔乡发现了一个"脱壳"人。她叫吴娟妹。她自3岁起开始"脱

壳"，每年一至二次，至今已有二十余载。"脱壳"时间一般在冬、夏两季。"脱壳"时，她会全身肿胀，发高烧，然后处于半昏迷状态，昏睡三至七天不进水米，最后从头顶到脚底全身脱去一层皮。脱皮3天后便能起床，慢慢长出新皮，新皮呈鲜红色，15天恢复常态。她虽有此病，但发育正常，能做各种农活。吴娟妹16岁发病时曾到上海某医院治疗，医生诊断为"疱疹样浓疱症"，住院治疗了3个月，仍无效果。至今医学界对此病还没有一个好的治疗方法。

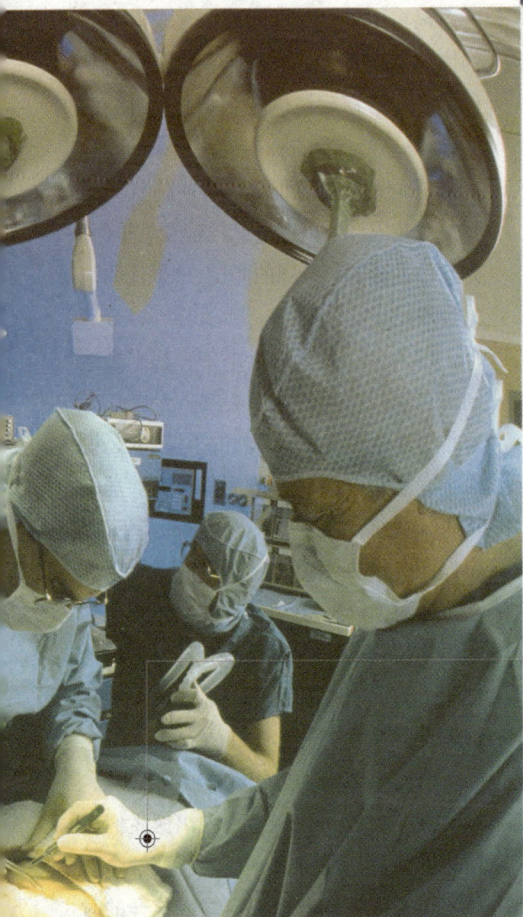

关于整形美容

整形的治疗范围主要是皮肤、肌肉及骨骼等创伤、疾病、先天性或后天性组织或器官的缺陷与畸形。治疗包括修复与再造两个内容。以手术方法进行自体的各种组织移植，也可采用异体、异种组织或组织代用品来修复各种原因所造成的组织缺损或畸形，以改善或恢复生理功能和外貌。

眼睛是唯一的视觉器官吗

SHIJIE TANSUO FAXIAN XILIE

　　类的各个器官都有其特殊的功能，是其他器官所无法替代的，例如耳听、鼻嗅、眼看等。但是，有些人即使把他们的眼睛蒙上依然可以看见东西。14 岁的玛嘉烈·福士就是这样的一个女孩。

　　玛嘉烈出生在美国东部维吉尼亚州的埃娜森社区，她的父亲福士注意到，其他孩子非常喜欢与他的女儿玩蒙眼睛游戏，而玛嘉烈在这方面所表现出来的天赋达到了令人吃惊的程度。这使他首先想到，女儿或许可以透过遮挡物看见东西。为此他进行了一系列的测试，结果证明他的推测是正确的。

　　1960 年 1 月的一个下午，福士先生向美国退役军人管理中心的一个医疗专家小组介绍了关于玛嘉烈的事情。要是说医学专家们在这一点上持怀疑态度，那是毋庸置疑的。在一个值得纪念的下午，医生们把女孩的眼睛蒙上了。所用的蒙眼办法是令医生们满意的：蒙眼之物不仅包括了习惯使用的小块棉花、绷带，还大量地使用了磁带。这使他们确信，她绝不能自如地运用视力。

　　但是结果却令这些专家们吃惊不已。14 岁的玛嘉烈可以轻易地说出医生们所指定的任意一段文字、一种颜色、一个物体。但当医生们把棉花与绷带移开的时候,那重重的十字形磁带条就在她的眼前,形成了一个不透明的眼罩。

专栏作家德鲁·皮尔逊在多家报纸上同时报道了这次测试,文中引述了一位在现场参与试验的精神病医师事后说的一句话:"可以相信,大脑的某个部分的特异功能将会被发现。"

无独有偶,1956 年,有一份来自苏格兰的报告说,有一个盲童经过训练后可以通过皮肤看

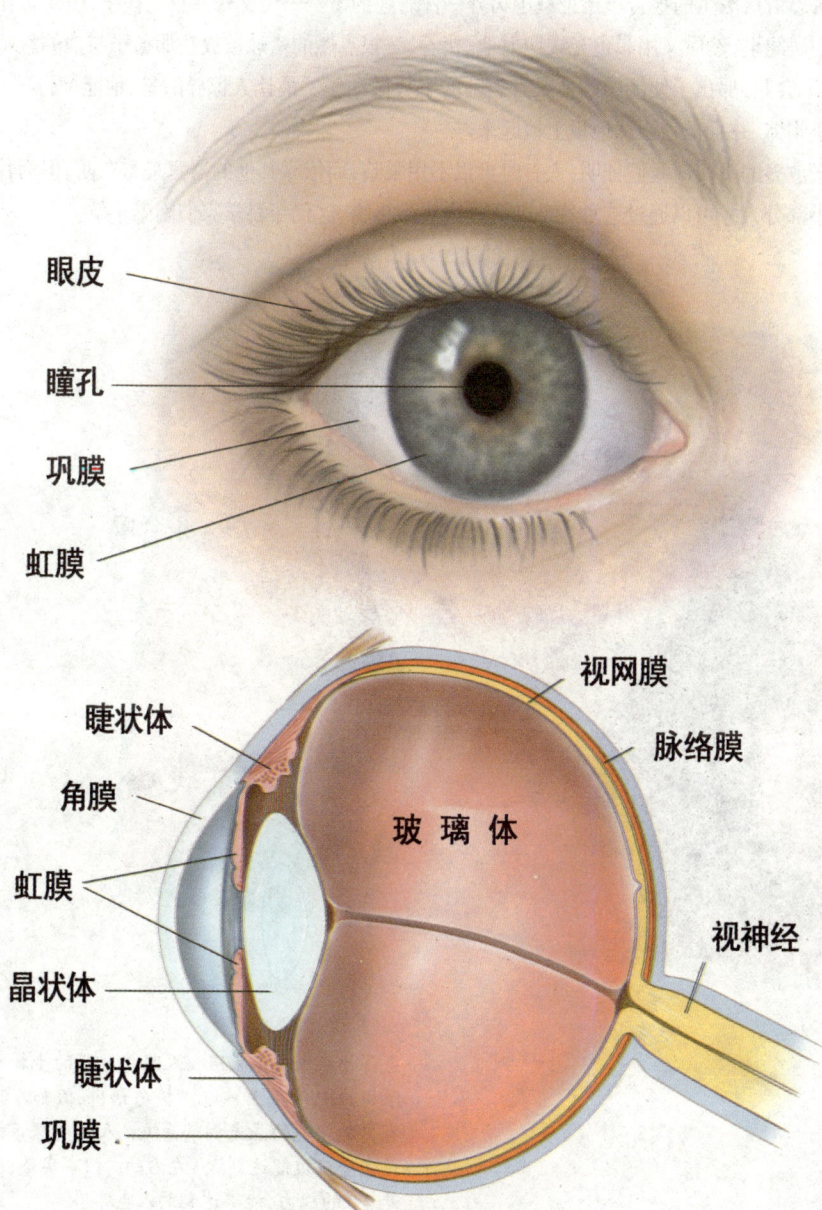

眼皮

瞳孔

巩膜

虹膜

睫状体

角膜

虹膜

晶状体

睫状体

巩膜

视网膜

脉络膜

玻 璃 体

视神经

东西。这份报告得到了坎普希尔鲁道夫一世学校的校监卡尔·科恩伊格医生的证实。

那位医生的报告说，男孩眼睛失明后不久，他的皮肤就对某种颜色有了反应。更值得一提的是，这时他的皮肤组织也发生了改变。那些医生很清楚地看到，那孩子可以分辨不同颜色的光线。

在科恩伊格医生的报告里还记载了另外一件有趣的事。一个又聋又盲的孩子，被安置在一个黑暗的房间里，然后又用彩色光线照射他。接着，一根点燃的蜡烛被放在那孩子与他的教师之间，过了一会儿，那孩子便能准确地跟着教师的手势做动作。最让人惊异的是，他能"看见"2米以外的小物体，并且把它们从地板上捡起来。

愈来愈多的事实向我们证明，人有时可以不用眼睛，而依靠其他的器官来看东西。但为什么只有一小部分人才可以通过这种特殊的方式来观察事物，这仍令科学家们困惑不解。

人类视力的极限

也许你根本就不知道，人眼视网膜的生物学极限视力应是在3.0~4.0。换句话讲，假如人眼具有更加完美的屈光调节系统，人类的裸眼视力是完全应该能达到3.0左右的。但事实是，即使是2.0的视力，能够达到的人也不多。

人体不断增高之谜

SHIJIE TANSUO FAXIAN XILIE

如果我们光从表面上看古书上对人身高的记载，常常会以为古人的个子是非常高大的。其实并非如此，不同时期的尺度是不相同的，按照如今科学的推断，古人相对现代人来说并不算高大，这是什么原因呢？

有资料显示四百多年前，我国男性平均身高为 166~168 厘米，目前我国青年的平均身高已达 170 多厘米。在我国和其他许多国家，人体测量的数据都表明：人类一代比一代长得高。根据有关统计资料，世界各国人口的平均身高，正在以每 10 年 1 厘米的速度增加。许多国家都出现了代代高的现象，成了世界各国科学家研究的一个课题。

早在 18 世纪 30 年代，医学家们就开始系统地测量人的身高，积累这方面的资料。统计数据表明，地球上的人长得越来越高，而且增长速度还在加快。为什么人类会越长越高呢？

在我国，近 20 年来中青年身材增高现象十分明显。我国城市男女青年分别平均每 10 年增高 2.3 厘米和 2.15 厘米。人体一代高于一代是忧还是喜？有些人把高大看作是魁梧健美的主要象征，这是很片面的。统计资料表明：高个子比矮个子抗病能力差，平均寿命要短 6%~10%；矮个子比高个子智力平均水平强。有人整理了几百位在各领域有突出成就的人的身高数据，发现中小型体材的人占 87%，拿破仑、康德、列宁、爱因斯坦等都属同辈人中的小个子，高个子比矮个子要消耗更多的自然资源来解决衣食住行问题，造成严重的生态压力。所以，人类学家们普遍主张，应该控制"代代高"现象。但是如何控制呢？现代人类逐渐长高是什么因素造成的呢？

20 世纪 30 年代，德国科学家科赫认为，这是由于人类居住环境的改变，受日光照射时间增加的结果。但人们又发现，在温带一些国家，甚至靠近极地的一些国家，人的身高增长速度并不比热带国家慢。因此，科赫的说法是不够准确的。

到了 20 世纪 40 年代，美国学者米尔斯通过

动物实验,又得出一个新结论,认为人越长越高是由于气候变化引起的。他解释说,气候变冷,空气的温度降低,使人的生长速度加快。但自从 20 世纪 50 年代以来,全世界的气候变得比以前暖和了,而人类身高增加的速度却一点儿也没有减慢,这又怎么解释呢?

也有不少科学家认为,人越长越高是由于孕妇和儿童的营养越来越好的结果。但有关调查结果表明,最近几十年来,欧洲许多国家居民的营养并没有明显增加,但人们的身高增长速度却一直在继续。在日本,人们的营养水平还比不上美国,可日本人的身高增长速度超过了美国人。中国是一个发展中国家,我们的营养水平是不能跟这些发达国家相比的,但我国青少年身高的平均增长速度却超过了发达国家。所以,"人类营养增加"的论点也不能让人信服。

曾有学者推测,由于科学技术的快速发展,无线电、电视、雷达、X 光和微波等电磁辐射的增加,以及核辐射和来自宇宙空间的各种辐射,促进了人体的生长发育,人也就越长越高了。但是至今并没有可靠的证据证明这一点。一些持不同意见的科学家指出,人类身体增高的趋势早在几十年前就出现了,那时候还没有什么电磁辐射、核辐射,这又如何解释呢?

还有科学家解释说,地球大气层中二氧化碳含量的增加,改变了人类的生态环境,影响人体的新陈代谢,人们的个子才越长越高。俄罗斯科学家布诺克,从遗传学角度提出了一个新奇的观点,他认为,人越长越高是由于"异族通婚"不断增加的缘故。混血儿特别高大健壮,就是一个明显的例子。

如果我们细心观察会发现,人们改变居住的地点会影响人体的身高,这一点也被科学家证实了。据日本科学家考察,搬迁到夏威夷群岛居住的日本人,比他们过去的同乡平均增高 10 厘米。这又是什么原因呢?这些不同的说法,到底孰是孰非,科学家们还在争论、研究之中。人类为什么越长越高? 人类的身高有没有极限? 至今还是一个谜,只有进一步研究和探索,才能揭开其中的奥秘。

人类长寿的秘密

SHIJIE TANSUO FAXIAN XILIE

在给老人拜寿的时候,人们常常会说"长命百岁"、"寿比南山"等一些祝福的话语。千百年来,长寿一直是人们孜孜以求的目标。那么,人的寿命究竟应该是多长呢?长寿的秘诀又是什么呢?这些都是遗传学上长期未解的难题。

中国历史上不乏长寿之人,他们的寿命之长让我们惊讶。据福建省《永泰县志》卷十二记载:永泰山区有位名叫陈俊的老人,字克明,生于唐僖宗中和元年(公元881年),死于元泰定元年(1324年),享年443岁。陈俊的子孙"无有存者",故生活由"乡人轮流供养"。如果这一记载属实,那么,陈俊老人将是我们所知道的人类中寿命最长的人。

那么,如何才能够长寿呢? 从人类遗传学角度看来,人的寿命除与良好的生活习惯有关外,也与人自身的遗传基因有密切联系。有一些不幸的遗传病患者,他们生下来就患有早衰症,不足10岁便形同老翁,发育迟缓,患有各种疾病,几乎活不到20岁。当然,环境对细胞的分裂生长也有重大影响。比如:X线照射等都不利于人类长寿。长寿是人类种族繁衍过程中的重大问题,很多科学家正在为解开长寿的奥秘而进行着不懈努力。

长寿之道

庄子云:"人之养生亦当如是,游于空虚之境,顺乎自然之理。"这句话指的是决定长寿的主要因素在于人的思想情志。因此,庄子十分推崇心境平和、从容自得、处世旷达。

人体衰老之谜

SHIJIE TANSUO FAXIAN XILIE

目前世界上已知人类的长寿冠军是英国人弗姆·卡恩，活了200岁。科学家指出，人类的自然寿命应该是100~150岁。但迄今为止，人类的平均寿命也不过74岁。

日常生活中，人体由于受到各种射线的辐射、服用化学药剂，以及食物中含铁量过多等因素的影响，体内会积累有害的自由基。这种自由基是导致人体衰老的罪魁祸首。有些科学家认为，细胞老化是因为细胞中产生了一些导致老化的物质。美国洛克菲勒大学的细胞生物学家尤金尼亚从人体结缔组织细胞中，分离出一种特殊的蛋白质，这种蛋白质只是在老化的、停止分裂的细胞中才存在。她认为，这种蛋白质就是细胞老化的产物。也许正是这些老化的物质最终"杀"死了细胞。

人体衰老时间表

大脑：20岁开始衰老；肺：20岁开始衰老；眼睛：40岁开始衰老；心脏：40岁开始老化；肝脏：70岁开始老化；肾：50岁开始老化；骨骼：35岁开始老化；肌肉：30岁开始老化。

遗传 基因变质

日本名古屋大学教授小泽高与澳大利亚蒙纳修大学教授安索尼·利内因等人合作研究查明，存在于细胞内部为细胞提供能量的线粒体，其遗传基因很容易发生突变，变异的积累很可能是人体老化的原因之一。在研究酵母时发现，细胞核内遗传基因的突然变异率为每1 000万～1亿个细胞当中有一个。而线粒体遗传基因的突然变异率竟高达每10～1 000个细胞当中就有一个。

决定 人寿命的蛋白质

有的科学家发现，决定生物寿命的是一种蛋白质。日本东京医科牙科大学的米村勇和信川大学医学部附属心血管病研究机构的罔野照组成的研究小组，从果蝇体内发现了决定生物寿命的蛋白质。该小组培育出了

人体的衰老是否可以延缓

对于人类寿命的秘密，科学家一直在探索。虽然人体的衰老难以避免，但如果做到以下几方面也会延缓衰老：进行体育锻炼，正确的饮食习惯、戒掉不良嗜好，保持心情开朗乐观等。

长命系(寿命52天)和短命系(最长寿命35天)两个系列的纯系果蝇，然后寻找它们的差别。试验结果发现，有一种长寿蛋白质在长命系的果蝇体内大量存在，而在短命系果蝇体内则极少。这种蛋白质的分子量为76 600。试验表明，如果将少量的蛋白质掺入果蝇的食料中让其进食，短命系果蝇的寿命能延长到41天，而长命系果蝇的寿命能延长至61天，而且，即使死亡前喂食这种蛋白质，也能达到延长寿命的目的。同时，该小组还研制出一种对抗长寿蛋白质的抗体。结果确认，在老鼠和人的胎儿中，早期也有与抗体起反应的蛋白质。专家认为，这种蛋白质只在发生细胞分化时，与身体形成有关，从而决定生物的寿命。将来，如果能弄清这种蛋白质的机制，研究长生不老药的梦想有可能变成现实。有的科学家发现人体衰老的主要诱因是线粒体DNA基因受损。DNA受损与人类衰老似乎有着千丝万缕的联系。因此，科学家认为如果能对DNA以药物或手术手段来加以保护，应该也有可能延长人类的寿命。

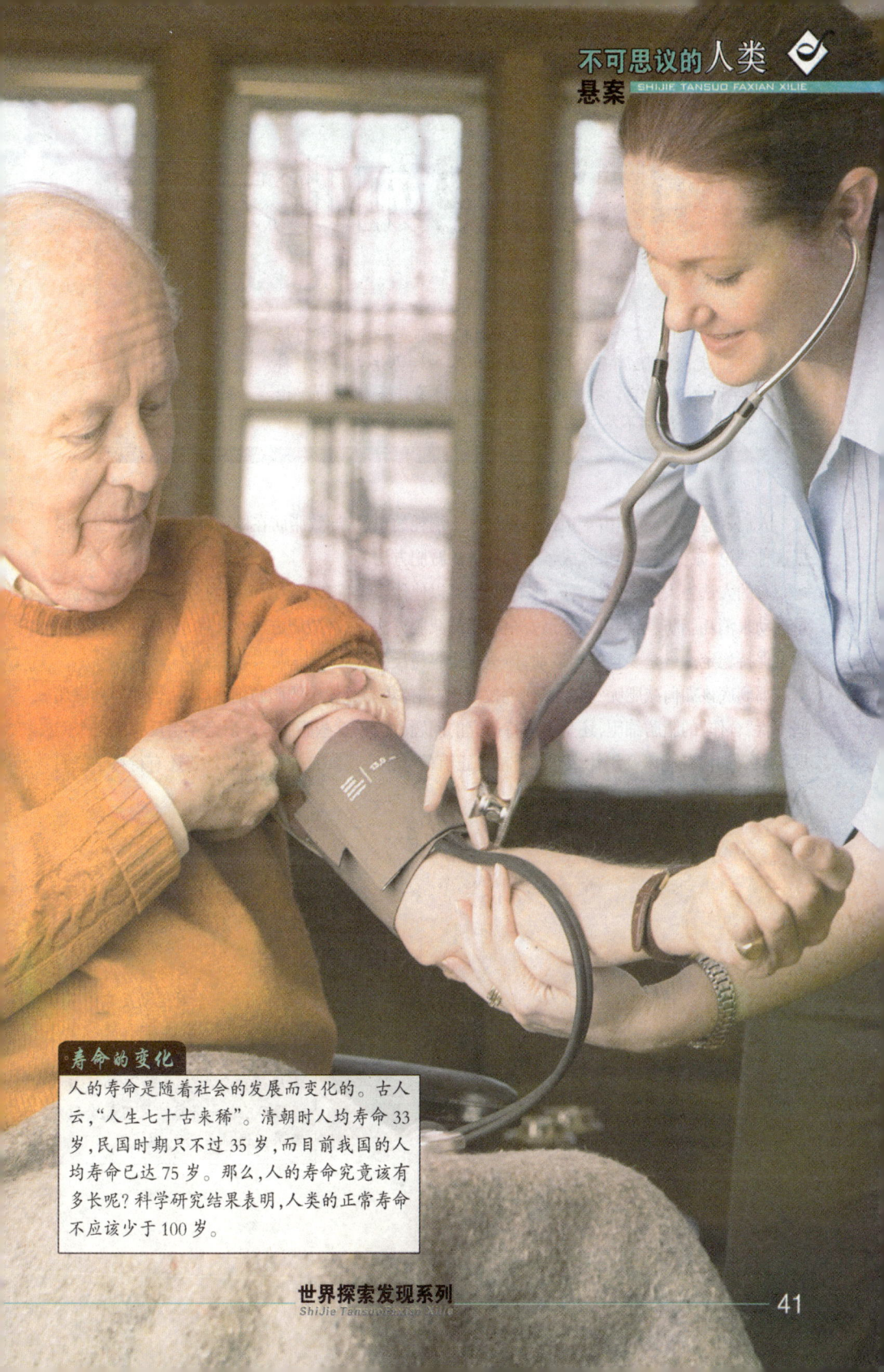

寿命的变化

人的寿命是随着社会的发展而变化的。古人云，"人生七十古来稀"。清朝时人均寿命33岁，民国时期只不过35岁，而目前我国的人均寿命已达75岁。那么，人的寿命究竟该有多长呢？科学研究结果表明，人类的正常寿命不应该少于100岁。

为何减肥如此之难

SHIJIE TANSUO FAXIAN XILIE

目前，在全世界范围内减肥似乎都是一个时尚的话题。无数因肥胖而苦恼的人们，想尽一切办法去减肥。科学家也对此作了大量的实验，并提出了许多相关的理论和措施，但都不尽如人意。

人们普遍认为，人体由于摄入热量远大于消耗的热量，导致脂肪在体内堆积而形成肥胖。根据这种理论，减少摄入热量就成了一种科学的减肥方法。

有的人认为人体天生就有一种本能，它可以使体重维持在一定的范围内。所以，每天通过适量运动来消耗脂肪、增长肌肉是最安全可靠的减肥方法。这种减肥方法对人体十分有益，并能使体重保持稳定。可是一旦停止运动，体重也很容易反弹。

那到底该如何减肥呢?科学家研究发现，人的体重与身体中的脂肪细胞有关，但如何分解那些不肯"合作"的脂肪细胞，还是个尚待研究的问题。而且，这些脂肪分解后会不会反弹也是个问题。那么，如何减肥以及用什么样的方法真正有效又不会反弹，这些问题的解答还有待科学家们作进一步的研究。

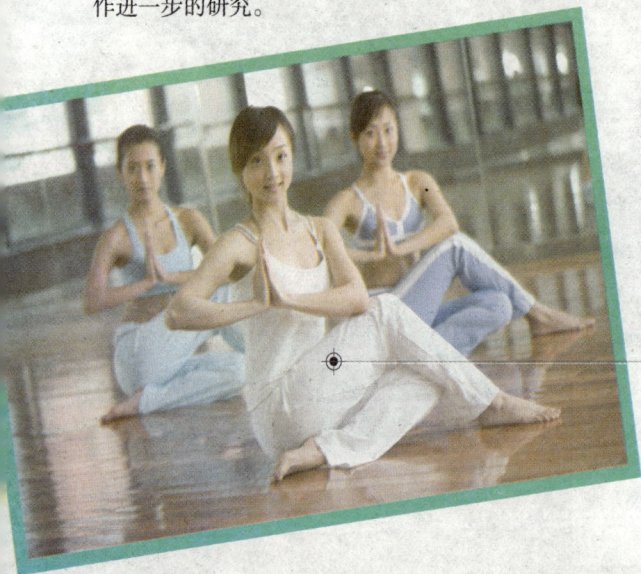

减肥运动的最佳时间

美国芝加哥大学临床研究中心对年龄在 30~40 岁的 40 名男子进行了一天内不同时间内肌体（荷尔蒙水平）对运动反应的研究，结果发现，晚上和夜间两个时间段中，人体新陈代谢的关键物质荷尔蒙对身体锻炼的反应最强烈，这一研究结果可能会改变早上锻炼最好的观点。

人体经络之谜

SHIJIE TANSUO FAXIAN XILIE

早在我国两千多年前的医书《黄帝内经》中就有对人体经络的详细记载。中医学上将经络看成血气运行的通道,而且是联系体表之间、内脏之间以及体表和内脏之间的枢纽。

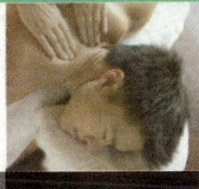

经络学说是中医学的基本理论之一,虽然其临床疗效已被多数人承认,但经络是否存在,它究竟是人体的什么结构等问题依然困扰着人们。

我国学者认为经络的传感速度介于神经传导和内分泌传导两者之间,是协调体表与内脏之间的未被人们了解的系统,它能与神经系统和内分泌系统一起调节全身各组织间的平衡。

近年,我国科学家又提出经络是光子流的观点,即人体内部可能存在着一个生物光子系统,它在生命信息、能量的传输交换等生理活动中起着非常重要的作用。

有关经络的各种问题众说纷纭,但许多人都拿不出足够的证据。经络的物质基础问题还有待医学、物理学、化学、生物学等各学科专家进行深入研究和论证。

手少阳三焦经络系统

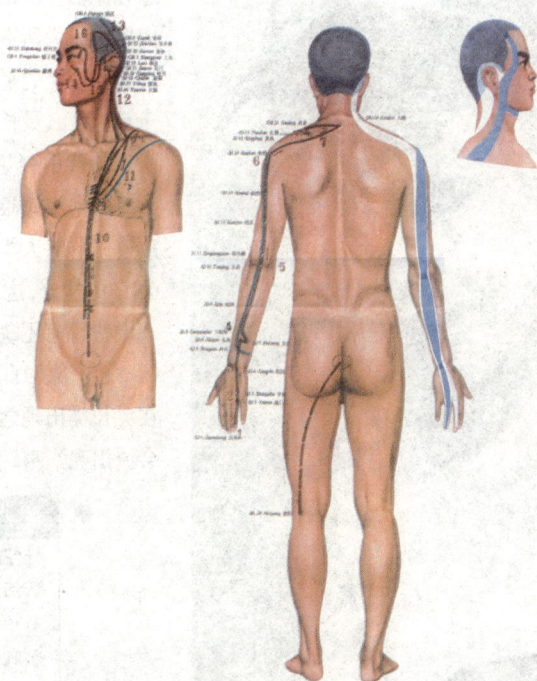

人体流泪之谜

SHIJIE TANSUO FAXIAN XILIE

流泪是人类一种天生的本领，是一种自发的本能。但你知道吗，在所有灵长类动物中，人类是唯一一种会哭泣、流泪的动物。

美国人类学家阿希莱·蒙塔戈认为，流泪对人体十分有益，因而能被一代一代地保存下来，人会流泪正是适者生存的证明。

美国心理学家佛莱将流泪分成反射性流泪和情感性流泪。流泪可能是一种排泄行为，它可以将人们因感情压力所造成的毒素排出体外，使流泪者恢复心理和生理上的平衡。

为什么灵长类动物中只有人类会流泪？英国人类学家哈代解释说，在人类的进化过程中，有一段几百万年的水生海猿阶段。人类身上至今留有这一阶段的痕迹，例如，人类的泪腺会分泌泪液，且泪水中含有约0.9%的盐分，这与海豹、海狮、海鸟的特征相同。但这一说法目前还缺乏可靠的科学依据。

也有人对此种说法提出质疑，水生海猿阶段应该在灵长类出现之前，可是灵长类的其他动物为什么不会流泪呢？

流泪的作用

科学证明，流泪是一种对身体有益的行为。眼泪是缓解精神负担最有效的"良方"；有助于排除人体内的某些毒素；能够使情绪和肌肉放松，从而使人轻松。但是过度的流泪对人体是有害的，需要抑制。

胃的消化功能之谜

SHIJIE TANSUO FAXIAN XILIE

众所周知，我们的胃拥有强大的消化功能。不但一日三餐不在话下，甚至连一些金属也能"通吃"。早在两个世纪以前，研究者就提出了这样的疑问："胃既然能消化所有食物，为什么不能消化自己？"

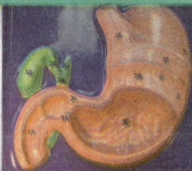

1836年，德国科学家施旺第一次发现胃液中有一种胃蛋白酶。后来，人们又查明了胃液中胃蛋白酶和盐酸是由胃壁细胞分泌的，胃液的pH值高达0.9，可以很轻松地溶解金属锌。这样的强酸难道不会损伤胃壁吗？美国的德本教授曾作过一个试验，他把从人体切下的小块胃组织放入含有盐酸和胃蛋白酶的人工胃液中，在37℃的恒温条件下，这块胃组织的80%被溶解了。试验表明，胃组织能够被胃液所消化。但令人奇怪的是，胃在人体中却稳如泰山。它为什么没有被胃液溶解了呢？

科学家经过研究发现：胃壁细胞表面有特殊的脂类物质，是它保护着胃壁细胞不受胃液的侵蚀。另外，科学家还发现胃壁细胞更新速度惊人，即使胃壁受到损害，它也能很快地进行自我修复。

可是，人类中的胃病患者特别多，有许多胃病的原因却一直无法查明。

人类细胞内蛋白质『废物处理』之谜

SHIJIE TANSUO FAXIAN XILIE

二零零四年，诺贝尔化学奖被授予对人类细胞如何处理无用蛋白质的研究有重大贡献的两名科学家，这两人是以色列科学家阿龙·西查诺瓦·阿弗拉姆·赫尔什科和美国科学家伊尔温·罗斯。

科学家发现，有一种被称为泛素的多肽在清理衰老蛋白质的过程中有重要作用。这种多肽由76个氨基酸组成，它最初是从小牛的胸腺中分离出来的，存在于不同的组织、生物细胞内，因此被称为"泛素"。对那些要进行废料处理的蛋白质，泛素会主动与其结合。

目前的实验结果证实，这种由泛素调节的蛋白质的遗弃过程在生物体中的作用是举足轻重的。细胞中合成的蛋白质质量参差不齐，泛素就像一位重要的把关员，通过它的严格把关，一般有30%新合成的蛋白质无法通过质量检查，而被处理销毁。

蛋白质是自然界中最复杂、最令人迷惑的物质之一，生命形成过程中几乎所有的环节都需要蛋白质参与。蛋白质的生命历程还有许许多多的谜，需要我们去探究。

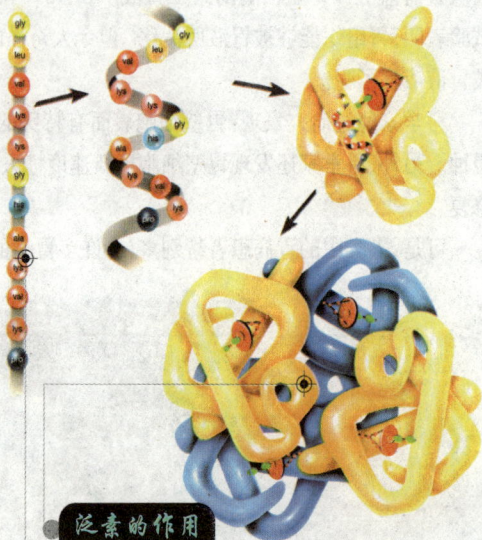

泛素的组成

泛素主要存在于真核生物，它的氨基酸序列极其保守，泛素基因主要编码两种泛素前体蛋白质：一种是多聚泛素，另一种是泛素融合蛋白。

泛素的作用

泛素就像标签一样工作，被贴上标签的蛋白质就会被运送到细胞内的"垃圾处理厂"，在那里被降解。这种像标签一样的泛素被形象地称为"死神之吻"。科学家们指出，"泛素调节的蛋白质降解"方面的知识将有助于攻克子宫颈癌等疑难疾病。

人体痛楚之谜

SHIJIE TANSUO FAXIAN XILIE

人们从出生起就伴随着各种各样的疼痛。据医生统计，人们遭受的疼痛种类大约有一千多种。痛觉是有机体对具有伤害性的刺激的反应。

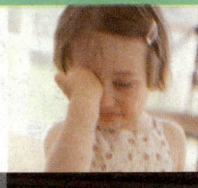

疼痛 的产生

当疼痛达到一定强度时，人们会出现肌肉收缩、呼吸暂停或加快、出汗等症状。当暂时性疼痛转化成慢性疼痛时，就会因疼痛出现情绪上的较大起伏，影响患者的工作和生活，有的人甚至自杀以寻求解脱。可对健康来说痛觉并不都是坏事，它是疾病和危险发出的一种警报。科学家认为当人体某一部位受伤，会随即释放出一些化学物质，并产生疼痛信号，人们也就感觉到了疼痛。

对待疼痛 的不同反应

但奇怪的是，同一个人在不同的情况下对疼痛可能会做出不同的反应。在战场上受伤的战士仍可以毫无知觉地继续作战，可他也许会在牙科医生检查牙齿时紧张得发抖，这是为什么呢？科学家认为神经系统只能处理一定量的感觉信号。当感觉信号超过一定的限度时，脊髓中的某些细胞就会自动抑制这些信号，这时疼痛信号不易被传递，所以人们对疼痛的感觉就会降低。

但是，人体内引起疼痛的物质和抑制疼痛的物质是如何相互影响的呢？人类最终能否加以利用呢？这些仍是生理学上的未解之谜。

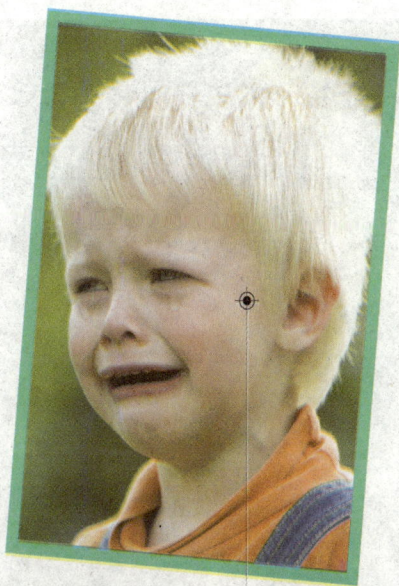

疼痛科

疼痛已被现代医学列为继呼吸、脉搏、血压、体温之后的第五大生命体征，而且已经发展为一个专业的医学科目，即疼痛科。上世纪60年代，美国、日本最先设立了疼痛科，我国疼痛科的出现是在20世纪80年代末，90年代初。为了唤起全世界的关注，人们还制定了世界疼痛日。

人类生命轮回之谜

SHIJIE TANSUO FAXIAN XILIE

自古以来，人们就对生命进行了不懈的探索。比如追求长生不老，或者此生行善积德，祈求进入天堂或者来生有更好的命运。

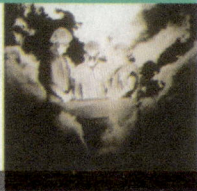

很多宗教认为，生命是有轮回的。并且认为一般的人仍会轮回为人，依其此生福泽而在轮回之后会有身世的高下之分。

凯瑟琳 的故事

1980 年，有一位 27 岁的名叫凯瑟琳的女子，因受到焦虑、恐惧和痛苦情绪的侵扰，求助于一位耶鲁大学的心理学博士为她进行治疗。这位心理学博士用催眠法追踪她童年时所受的伤害，想以此来找出诱发凯瑟琳病症的原因。令这位心理学博士没有想到的是，他所进行的这次催眠居然意外地催眠到了凯瑟琳的前世。

凯瑟琳在催眠状态中，说话毫不迟疑，对于前世身边的人的名字和他们交往的时间、当时的穿着服饰、周围的树木等等的描绘都非常生动。她并不是在幻想，也不是在杜撰故事，她的思想、表情，对细节的注意，无不细微备至，让心理医生无法否认其真实性。

凯瑟琳自述说自己在地球上已经生生死死经过了八十多个轮回。但催眠治疗中，

她只提到了前后出现过的 12 个轮回，而且有几次是重复出现的。在催眠中，她说：她曾是埃及时代的女奴、18 世纪殖民地的居民、西班牙殖民王朝下的妓女、石器时代的穴居女子、19 世纪美国维吉尼亚的奴隶、第二次世界大战的飞行员、被割喉谋杀的荷兰男子、威尔斯的水手并曾在船上作业时受伤、参加大姐婚礼的小女孩、生活在 18 世纪目睹父亲被处死刑的男孩……她栩栩如生地描述了她在各个时期生活时的景象。心理医生对凯瑟琳进行了测谎实验后确定她并没有说谎。

神秘的转世轮回

凯瑟琳说，人的每一世死亡的情形都很类似。人死后会觉得自己已经浮在身体之上，可以看到底下的场面。人通常会在死后感觉到一道亮光，继而可以从光里得到能量，接着被光吸过去，光愈来愈亮。人飘浮到云端，接着就感觉到自己被拉到一个狭窄温暖的空间，她很快要出生，转到另一世。

大多数科学家、心理学家、医学家对此都全盘否认，认为这是精神不正常或是心理幻想的表现，也有人认为这是不科学的说法。

当今社会已经进入了一个发生巨变的时代，人类正在以前所未有的勇气开拓新的研究领域。人类现有的科学工具对转世再生的研究还不适用，这个未解之谜有待人们去探索。

宗教与生命轮回

目前世界上影响最大的承认生命轮回的宗教是：印度教和佛教（包括印度传佛教和藏传佛教），宗教思想认为死亡只是肉体的毁灭，而灵魂不灭，一般都有劝善的特点。

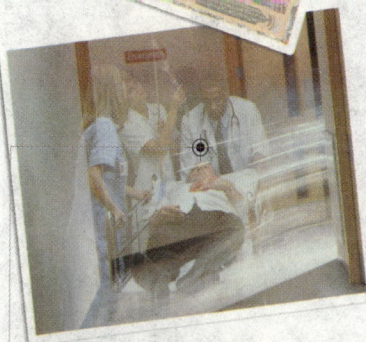

灵魂是否存在

生命的轮回中灵魂是关键因素，所以关于灵魂是否存在也是一个争论的话题。

人类能否"冬眠"

SHIJIE TANSUO FAXIAN XILIE

我们都知道，自然界中有很多的动物为了度过寒冷的冬季都会冬眠。但世界之大，无奇不有，你听说过会"冬眠"的人吗？

神秘 的冬眠人

61岁的陈鹏程是土生土长的福建龙津村人，他回忆说，自己生平从没去过什么远地方，最远也只不过到过漳州。他说自己一辈子也没有做过什么特别的事情，做得最多的事情大概就是睡觉了。陈鹏程一觉下来就会睡上几个月，并且这种状态已经持续了十多年。

陈鹏程依稀记得，第一次"冬眠"时，母亲还未过世，但具体是哪年他现在已经记不清了。他说："当时只觉得很累，浑身无力，很想睡觉，倒头便呼呼大睡起来。"没想到，他一觉醒来，母亲就告诉他，他这一觉睡得太长了，怎么叫他也叫不醒。

他每一次"冬眠"持续的时间没什么规律。据他回忆，有时候可能是十来天，有时候也可能是两三个月。2002年农历九月中旬的那次"冬眠"竟消耗了他近四个月的时间。

动物 的冬眠

从以上的这个事例中，人们不禁会产生这样的一个疑问：人到底能不能冬眠呢？要弄清楚这个问题，我们先从动物的冬眠入手，看能否找到一些关于冬眠现象的线索。

某些动物进行冬眠，是它们抵御寒冷、维持生命延续的特有本领。冬眠的时候，它们可以几个月不吃不喝,也不会饿死。

动物们神秘的冬眠本领让人们啧啧称奇,例如有超级"冬眠家"之称的旱獭,冬眠时它们会在土中挖出一个洞窟作为寝室,洞窟犹如一条长廊,可以容纳十几头准备冬眠的旱獭。

动物冬眠与它们自身的特点以及生存环境有关,比如某些鼠类,它们在冬眠过程中不吃不喝,代谢极其缓慢,后来,科学家认为动物冬眠可能是因为它们体内存在的某种物质起着生理调控作用。经过不断的研究,现在已经发现一种叫做"冬眠激素"的物质,这种物质比蛋白质要小,是一种含有 9 个氨基酸的肽类,对冬眠起着主要的调控作用。科学家是在冬眠动物的血液里发现这种物质的,这种被称为"冬眠激素"的物质能够诱发动物冬眠。在盛夏,如果把冬眠激素注入黄鼠和蝙蝠身上,这些动物就会长时间沉睡。后来,科学家又在不冬眠的猴子身上作试验,发现猴子竟然也出现典型的冬眠状态,脉搏跳动减少 50%,体温也降低了。当冬眠激素的作用减弱后,猴子又逐渐恢复正常。这项试验,对人们了解冬眠的机理起着巨大的推动作用。

药物 冬眠

后来,科学家们便设想,如果把一种类似"冬眠激素"的物质注入人体,那么人体会不会出现类似冬眠的状态呢? 据此,科学家们推断,这种物质能使细胞分裂的速度放慢,细胞其他生

理活动的强度都将降低。这就意味着，它很可能也会让人体细胞进入休眠状态。

人要进行"冬眠"，需要具备一定的条件，比如，是否存在一种物质，或其他的自动机制，在一定的时间之后，可以重新启动代谢功能，使人苏醒，这些仍在研究中。

低温 诱发"冬眠"

1974年4月，美国科学家在南极大陆的冰层中发现至少冻结了长达1万年之久的细菌。他们在实验室中配制了营养液并提供适宜温度，经过精心操作，他们惊奇地发现这些细菌竟然复苏了！在低温和冰冻条件下，细菌为什么没有被冻死反而在一定的环境中又复活了呢？低温所造成的这种神秘的"冬眠"现象令科学家们兴奋不已。科学家们在研究中还发现当外界温度降低到一定程度时，机体的细胞不会衰老，也不会退化，而是处于一种"生机停顿"的状态。冷冻阻止了细胞的分解、衰老和死亡，因此科学家们预言，生命可以在低温的条件下通过一定的手段来得以永恒"封存"。

1967年1月19日，美国物理学家詹姆斯·贝德福身患癌症，濒临死亡。医生根据他的请求，把他的身体迅速冷却到-196℃，然后装进不锈钢棺材，长久放在-200℃的冰墓里。詹姆斯·贝德福希望将来有了治疗癌症的方法后，再把他解冻，进而治好他的癌症。

然而冰冻和冬眠从实质上说并不是一样的，冰冻是完全把机体冻起来，基本是让生命停止在原来的状况，是完全被动的；而冬眠还有一个基本的代谢，具有一定的主动性。

人类冬眠 的秘密

人类"冬眠"实际上是一种生理仿生过程，这是一个非常大的学科交叉，人们需要从动物学、生理学、细胞生物学、分子生物学等各个角度同时研究。除此之外，还需要与药理学联系起来，比如说注射什么样的药物，可以使人产生类似冬眠的特征，这是一个可以实现的大工程，当然，它需要一个相当大的团队共同合作，共同努力。

专家主要研究了翼手目动物——蝙蝠。从代谢的角度看，蝙蝠冬眠时的呼吸及代谢都比正常的时候低几十倍，甚至上百倍，体温也很低。冬眠醒来后，与冬眠前相比，除了体重下降和脂肪减少之外，蝙蝠的身体从本质上没有大的变化。"冬眠人"陈鹏程的出现，为科学家们研究人类"冬眠"的秘密提供了一个极佳的线索，或许他能帮助科学家们找到一个让人"冬眠"的更有效的方法。

冬眠的动物有哪些

我们熟知的哺乳类动物冬眠是一项对不利环境的保护性行为,像爬行类、两栖类、鱼类、软体类、昆虫类都能冬眠。而将人迅速冰冻可以使人处于冬眠状态,在这种状态下,人的新陈代谢会减慢,同样也能使人不易衰老。但是要达到像动物一样似乎还不行。

人体散发幽香

SHIJIE TANSUO FAXIAN XILIE

如今，我们随处可见散发着香气的女性，但是，她们之中绝大多数人都是喷洒了香水之后才散发出香气的。而有一些奇特的人，在不喷洒任何香水的情况下，他们的身体也会散发出阵阵幽香。

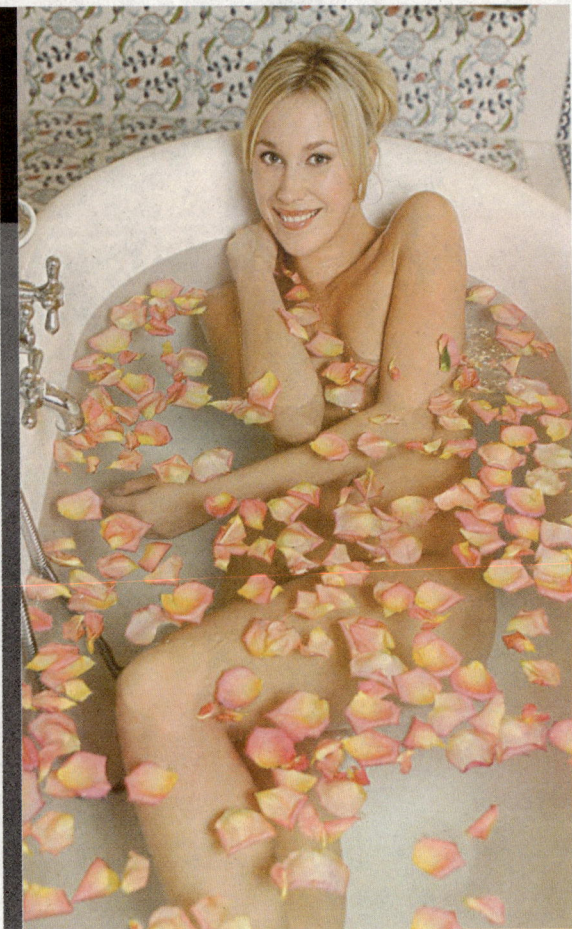

体散幽香 的古代美女

西施是我国古代有名的四大美女之一，她的身体能够散发香气，所以被越国大夫范蠡选中送给吴王夫差，以施展美人计。唐玄宗于开元二十八年遇一美姬，香气袭人，封为贵妃，此人便是杨贵妃。香妃是新疆喀什人，因体有奇香，迷住了乾隆皇帝，被封为容妃。

从古至今，据说气功界修炼有素的人能散发一种神秘香气，被称为"丹香"。从历史记载看，元代道家气功大师邱长春"羽化"后，其遗体"异香终日不散"。现代崂山道士匡常修，身上也能散发类似檀香味的清香。

人体"丹香"现象目前仍是一个未解的谜团，对这方面的探索还在进行之中。

Buke Siyi De Renlei Xuan'an

|不可思议的人类悬案|

2

奇异能力

QIYI NENGLI

磁铁人之谜

SHIJIE TANSUO FAXIAN XILIE

尤里·凯尔涅赛曾是苏联伏尔加城的一名矿工。但由于矿主害怕他身上那强大的磁力引起矿井的倒塌，给矿上作业带来灾难，所以强迫这位身强力壮的矿工离开他工作了三十九年的矿山。

与日俱增 的磁力

尤里身上的磁力并不是与生俱来的，而是在几年前才发现的。他回忆说："起先这种磁力并不强，只有当我放东西时，才会感到金属物体像要黏在我的手上似的。但后来，这种情形越来越明显，我似乎很难扯下那些黏在身上的物体。为此，我有好几次被飞过来的锅盖打在头上。甚至有一次，一把小刀从厨房飞来，戳在了我的身上。"而现在，在他身边1.5米以内的金属物体都会飞起来黏到他的身上。

磁力 从何来

高级研究员瑟奇·弗鲁明医生对尤里的"病状"进行了研究。医生推断认为：这很可能是由于他几十年来在高磁力的铁矿上工作造成的。但在铁矿上与尤里具有同样工龄的人大有人在，为什么在那些人的身上没有这么强的磁力呢？可见，尤里的体内一定还隐藏着什么特殊的因素，也许这些因素才是他身上产生强大磁力的原因。

磁力

磁力是磁场对放入其中的磁体和电流的作用力。磁力是靠电磁场来传播的，电磁场的速度是光速，自然磁力作用的速度也是光速了。

不知寒冷的人

SHIJIE TANSUO FAXIAN XILIE

研究表明：如果在零下四十度的时候不穿衣服，不管身体多么强壮的人，也活不过十五分钟。可让人惊奇的是，世界上有极少数生来就不怕冷的人。

在意大利海滨城市雅斯特的大街上曾发生过这样一件事：人们纷纷向巡逻的警察报告说，有一个只穿游泳短裤的小男孩，每天身背书包顶着刺骨的寒风去上学。人们都认为他肯定是受了家长的虐待。

经过一番询问之后，人们才知道这个小男孩从小就不怕冷，冬天只穿件游泳短裤和拖鞋就可以了，而且还必须光着身子。他去过好多大医院，可医生们也弄不清楚到底是怎么回事。

不怕冷 的中国孩子

其实，这种数九寒天不怕冷的孩子，在我国也有。

在南京市郊有一个小男孩，一生下来就不怕寒冷。他一年四季不穿衣服，即使在大雪纷飞的冬天，也仍然光着身子在外面玩耍，从来没有伤风感冒过。

在江西安义县，也有一个不怕冷的女孩。她在 $-3℃$ 的时候，只穿一身单衣服、一双胶鞋，不穿袜子。

为什么这些孩子抗寒能力会如此之强？难道他们体内有一种特殊元素使他们不畏严寒？这其中的奥秘至今还无人能够解答。

人体漂浮之谜
SHIJIE TANSUO FAXIAN XILIE

在印度的纳米罗尔村，有一位名叫巴亚·米切尔的村民，年逾五旬，却修炼瑜伽功有四十多年，据传他的身体能在山林上空飘浮，如同仙人。

拜访 超人

美国物理学家卡莱曼思教授曾在印度各地考察多年，他决定去拜访这位"超人"。和他同行的有印度著名的生物学家辛格·米巴尔教授、人体功能学者雷曼尔博士及美国《科学与生活》杂志的记者等。

卡莱曼思教授一行人到达后，拜会了巴亚·米切尔。卡莱曼思教授问巴亚·米切尔能否展示一下"超人"的功能，飘浮在天空上时，老人马上表示："可以，并请众人在第二天早晨太阳升起时，在他独自居住的茅舍门前观看。

见识 奇迹

第二天一早，卡莱曼思教授等人聚集在茅舍门前，架起了录像机及各种探测仪。大约在2分钟至3分钟之后，只见他身体轻轻地上升，约升到10米高时，他改变了盘腿的姿式，伸出双臂，如同鸟儿的翅膀，开始旋转飞翔。浮在半空中的米切尔仿佛进入了浑然忘我的状态。

大约在空中飘浮了30分钟左右，米切尔的身体开始摇动，接着以水平状态慢慢降下。录像机拍摄了他在空中的每一个动作。米切尔落地以后，几位科学家发现：他身体变得非常柔软，像棉花一样。当米切尔慢慢升空时，探测仪已测出从他身上喷发出一股能把他托起的气流。80千克体重的人升空时需要相当大的能量，这股气流从何处而来？

瑜伽 魔力

美国《科学与生活》杂志记者史密斯，目睹了现实生活中的真正"超人"后，心中无比振奋，如同哥伦布发现了新大陆一样。史密斯提出：用重金聘请巴亚·米切尔去美国表演。可他却婉拒了重金之聘。当几位科学家问他是如何练成这奇妙的功夫时，巴亚·米切尔很认真地回答："必须经过严格的精神训练，才能学到这门技巧，而肉体上的训练更为艰辛。只有精神高度集中，才能将人体内潜藏的巨大'魔力'释放出来……"这些话，并不能解除科学家们心里的疑惑，人体内潜藏的"魔力"到底是什么？人是如何突破物理学上的万有引力定律的？关于人体在空中飘浮，卡莱曼思教授和印度的几位科学家发现：在印度的古书——《佛经》上早有记载，早在2 000年前，佛教的高僧们就能毫不费力地飞向天空，他们将在空中所看到的景色，绘成巨画。印度考古学家们曾发现一幅巨大的石雕，它绘制的是印度2 000年前恒河流域的曼达尔平原景色，完全是以高空鸟瞰角度绘制的。当时没有直升飞机，人们是怎样从高空绘制的呢？也许古印度人早已学会了飞升之法吧？

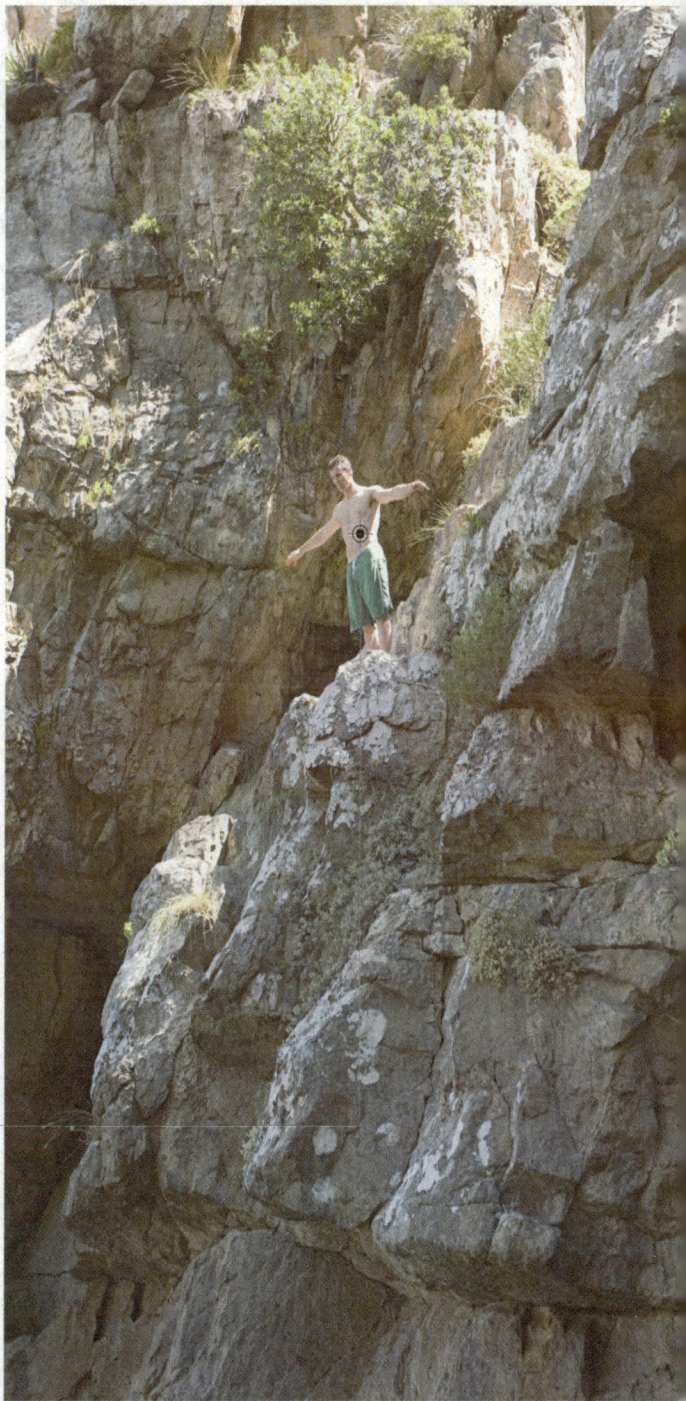

人体漂浮

在现实生活中，这些"漂浮者"大有人在，依据一些历史真实记录和部分近年来的实例，漂浮者似乎具有一种超凡能力，可以克服地心引力使自己的身体慢慢地漂浮起来。

睡不着觉的人

SHIJIE TANSUO FAXIAN XILIE

人的一生大约有 1/3 的时间是在睡眠中度过的。当人们处于睡眠状态中时，可以使人们的大脑和身体得到休息、休整和恢复。但是你相信有不睡觉的人存在么？

睡眠对于人的重要性不亚于吃饭。一般人要是3天不睡觉的话,一定会疲惫不堪,没法生活下去的。

但是,生活中却有一些例子让医学专家们迷惑不解,有的人几个月、几年、几十年甚至一生都不睡觉,却仍然同正常人一样有旺盛的精力和健康的体魄。

法国法学家列尔贝德以卓越的才华被人们誉为"不灭的法律之光",同时他又是一个整整71年没有睡觉的人。1793年1月,列尔贝德刚刚2岁,他随父母一起去看国王路易十六被处死刑的场面,忽然观众的看台倒塌,列尔贝德头盖骨骨折,当他在医院里从昏迷中苏醒过来后,就再也不能睡觉了。医生们用尽各种办法也不能使他睡觉,也不能对此作出解释,只好笼统地诊断为"脑障碍"。列尔贝德活了73岁,一直到他去世,共71年没有睡觉。

像列尔贝德这样的例子还有一些:

印度尼西亚巴厘岛上的农民基壮尔,第二次世界大战期间他是游击队员,奉命看守日本战俘,一连5天5夜没能合眼,从此他失去了睡眠功能,再也睡不着。但他身体健康,从来没有病,胜任各种农活。

赫苏斯·弗鲁托斯·谢诺维利亚是西班牙塞尔维亚城的居民,19岁那年开始,他正常的睡眠突然开始失调,睡眠时间越来越少,到了1955年,睡眠完全与他无缘了,各种各样的治疗都没有效果。但是他身心健康,能承担繁重的家务,并没有一点儿疲累的感觉。对列尔贝德、基壮尔、谢诺维利亚以及另外一些人的无睡眠的原因一直没人能作出圆满的解释。

睡眠是怎样产生的?科学家为探索睡眠的奥秘曾作出了不懈的努力。1910年,法国科学家曾做过这样一个实验:强迫一条狗长时间不睡觉,然后抽出它的脑脊髓液注射到另一条正常生活着的狗的脑脊髓系统中,正常的狗很快呼呼酣睡了。

1965年,美国科学家发现,动物脑子中的催眠物质不仅对自己的同类有催眠作用,也可以使别种动物入睡。他们强迫山羊48小时不得睡眠,然后取出山羊的脑脊髓液注射到猫身上,结果猫马上就熟睡了。给老鼠注射,老鼠也沉睡了。这说明,睡眠是由一种特殊物质控制的。这种物质有人称它为"催眠素",也有人称做"睡眠因子"或"S因子"。20世纪80年代美国科学家进一步查明,人会睡觉的原因在小肠,是小肠产生了睡眠因子。

既然人和动物都有睡眠因子,为什么却有那么多人不入睡的例子呢?是由于某种因素使列尔贝德这些人失去了睡眠因子,因此长年累月不睡觉也不致丧命,照样精力充沛,还是另有其原因?这个谜尚未解开。

神奇的眼睛
SHIJIE TANSUO FAXIAN XILIE

在德国的路德维希堡市，有一位名叫韦罗尼卡的女口腔医生。她的眼睛就像显微镜一样，能把物体放大几百倍。她曾把一部 32 万字的长篇巨著抄录在一张普通的明信片上。

活的 显微镜

韦罗尼卡这双得天独厚的眼睛，对她的职业大有帮助，她可以轻而易举地发现病人口腔里的细微病变。但这同时也给她的生活带来很多不便：纸张上肉眼看不见的纤维会阻挡她的视线，妨碍她阅读书籍。她也无法看彩色电视，因为她看到的并不是一幅幅美丽的画面，而是不计其数、五颜六色的杂点。

能透视 人内脏的眼睛

解放军某部有位女医生的眼睛能透过人体，可以看见人的五脏六腑、骨骼血液。她看到的东西是立体的、彩色的，胜过 X 光机、B 超仪和 CT 扫描仪。她小时候最爱看阿姨大肚子里的娃娃，有许多孕妇都找她看胎儿的性别。后来她当了医生，目测诊断的准确率极高。她还能把菊花枝"看"断，把水中的鱼"看"死。

这些人有超常功能的原因究竟是什么？虽然科学家通过自己的研究，已经得出了一些结论，但这些结论并不能完全解释清楚这些人产生超常功能的原因，这些谜团还有待于人们作更为深入的研究。

视觉

视觉是一个生理学词汇。光作用于视觉器官，使其感受细胞兴奋，其信息经视觉神经系统加工后便产生视觉。通过视觉，人和动物感知外界物体的大小、明暗、颜色、动静，获得对机体生存具有重要意义的各种信息。

神奇的带电人

SHIJIE TANSUO FAXIAN XILIE

　　有时候，人们和物体接触时会有静电产生，但这种静电现象中的电荷量是很少的，不过也有例外，有的人身上却带有大量的电，以致于影响到正常的生活，这到底是怎么回事呢？

神奇 的放电人——保琳

　　英国女子保琳·肖的身体可以把体内静电储存起来，然后突然把它们释放出来。凡她所接触到的电视机、洗衣机、摄像机、电饭煲等电器均遭破坏。

人体 高压电的危害

　　人体高压电不仅会给接触他们的人造成伤害，而且还会造成生产事故。美国一家电机工厂在一段时间内经常突然发生火灾，却查不出失火原因。纽约市布鲁克林理工学院的毕奇教授就到工厂测试每一位工人的电压，结果发现其中一位女工身上的静电电压为 3 万伏特，电阻值为 50 万欧姆。当她接触易燃物品时，随时都有发生火灾的危险。

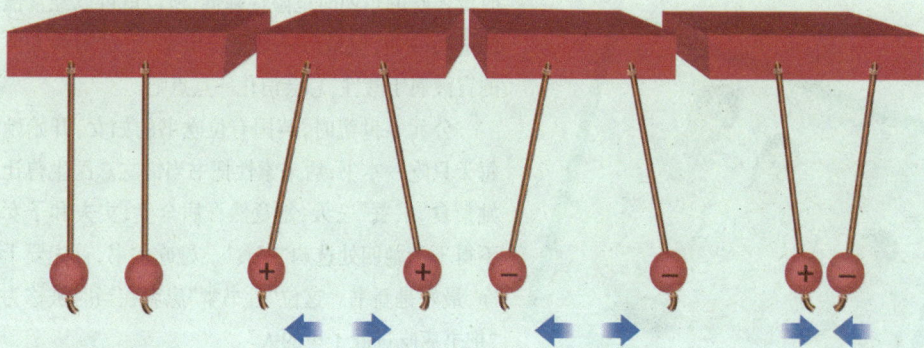

奇特的食物癖好

SHIJIE TANSUO FAXIAN XILIE

有的人喜欢吃玻璃，有的人喜欢吃纸，大千世界，居然有这么多人有着如此奇怪的食物癖好。最奇怪的是他们的胃到底是如何消化这些奇怪的东西的呢？科学家们也无法解答。

大家喜欢吃青菜、水果或者肉类这些东西，都没有什么可奇怪的。但是在塞尔维亚南部有个名叫特尔布涅的小村子，那儿有一个嗜好吃玻璃的农妇米兰卡。米兰卡今年70岁，吃玻璃已经有30年的历史了。

她吃玻璃不嚼也不吞，首先将玻璃洗净砸碎，再磨成面粉般的粉末，然后用水加糖冲服。她什么玻璃都吃，但吃得最多的还是玻璃瓶。如果有一些日子没有冲服玻璃，她就会觉得喘不过气来，玻璃成了她的药物和食品。

米兰卡首次吃玻璃是在30年前。当时她胃疼，请乡村医生治疗。一位老医生给她配制了一啤酒瓶浓浓的药水，让她每天喝一调羹，长期坚持。医生说，瓶里装的是"圣女花"茶。她按医生的话服用，胃病果然一天天减轻。两个月后，当瓶里只剩下一点点药水时，她发现瓶底好像有什么碎末，于是将药水倒在手上，这才发现原来瓶里装的是普普通通的玻璃末。

有人说这是异物症！是一种病态的行为！还有人说这只是因为他们的食道、口腔、肠胃原本比别人的肠胃壁厚，或者经过特别的训练，或者两者兼有，这样的话就使他们在吞咽玻璃、陶瓷等这些平时没人吃的东西时危险性降低，所以就可以经常性的进行表演，但最后还是要排出来，不过因为人类的胃液属于酸性，总会消化一点点吧。

公元6世纪时，英国有位吃书的妇女，开始她每天只吃一本书，后来索性把书当饭吃。医生曾让她禁食"书餐"三天，她竟然百病全生，丈夫和子女不得不为她四处选购"书食"。她吃的书，首先要干净，最好是新书。这位"食书癖"患者在当时被称为"把书店吃进肚子里的人"。

在"花园之国"新加坡，有个名叫黄德明的小男孩儿。他不爱吃巧克力，不爱喝水，也可以不吃饭，

但他每天非吃一样东西不可,那就是纸。如果找不到纸的话,他连钞票也不放过。美国有个叫莎莉的小姑娘,她什么都不吃,专吃5美元面额的钞票,而且用不了多长时间就可以吃掉几千美元。

美国华盛顿州40岁的妇女艾玛也是一个这样的人。她说:"我一看到美丽的衣服,就会流口水。尤其看到较厚的外套时,就很想把它放到嘴里咀嚼。"据她说,丈夫的衣服最合她的胃口。她丈夫最初对衣服经常丢失感到奇怪,后来才知道是被妻子吃掉了。

许多专家学者对上述行为也感到疑惑不解,是什么原因促使他们不热衷于食物,而更钟情于以衣服为食?他们的身体健康吗?会不会缺乏什么营养元素?这些问题都有待于专家学者们作进一步的研究。

食 物

食物通常是由碳水化合物、脂肪、蛋白质或水化成,能够藉进食或是饮用为人类或者生物提供营养或愉悦的物质。食物的来源可以是植物、动物或者其他界的生物。

神奇的赤足蹈火

SHIJIE TANSUO FAXIAN XILIE

脚底是人体穴位中最集中的部位,神经异常丰富。普通人不要说赤足蹈火,就是不小心被烫了一下,也会疼痛难忍。可是在地中海爱奥尼亚群岛的希腊人居住的村子里,每年都要举行一次最奇特的赤足蹈火舞会。

寻找 答案

德国物理学家长格决心解开这个谜团,于是他在1974年亲临该岛,他特别地设计了一个有趣的实验:仪式开始之前,他将一种在一定温度下能改变颜色且传热极敏感的特殊涂料抹在一位蹈火表演者的脚上,随后细致地拍摄了表演者在舞蹈过程中的一切变化。人们从他拍下的精彩影片中看到,这位表演者在一块烧红的煤块上行走4分钟之后,又站在另一块煤块上达7秒钟之久。而当长格把这种特殊涂料淋在煤块上时,其颜色变化显示的温度竟高达316℃以上,这着实令长格大吃一惊。最后这位著名的物理学家只能无可奈何地说:"无论如何,这在现代的物理学领域中很难找到令人满意的答案。"

另一位人类学家史蒂凡·克恩认为蹈火现象是人的意念支配物质的典型例子,指出这种意念可支配自身神经对周围环境的感觉。然而事实果真如此吗?到目前为止,这仍然是一个不解之谜。

计算奇才的奥秘

SHIJIE TANSUO FAXIAN XILIE

　　古往今来，计算奇才出现过数十人，他们引起了许多科学家的浓厚兴趣。印度的戴维夫人仅用了50秒钟，就心算出201位数的23次方根，而当时的电子计算机计算这个数却需要整整1分钟，而且还不包括输入数字的时间。

奇 怪 的发现

　　科学家们通过对计算奇才们的研究发现：

　　一、他们的计算有无法比拟的迅速性、复杂性和准确性。在计算能力方面他们和常人有着本质的区别，其他人经过任何训练也无法达到或接近他们的水平。

　　二、研究资料表明，计算奇才们根本就不是在"计算"。他们中无论是谁，都说不上自己是怎样算出来的，整个计算过程都在他们的意识之外进行。

　　三、计算奇才们的计算速度、计算的复杂性和他们的数学知识无关。在他们中间，有四五岁的小孩儿，也有文盲，更有意思的是，个别计算奇才一旦接受了正规的数学训练，学会了计算方法，他原来那种计算神力反而就会消失，并且再也不具备这种能力了。

　　四、计算奇才的某些生理指标与正常人的生理指标相比有较大的偏离。

　　但人类究竟为什么会有这种超常的功能，目前人们仍在探索。

计算的定义

计算是一种将单一或复数的输入值转换为单一或复数之结果的一种思考过程。计算的定义有许多种使用方式，有相当精确的定义，也有较为抽象的定义。

不断受到雷击而不死的人

SHIJIE TANSUO FAXIAN XILIE

不幸的美国人佩戴·乔·巴达松自幼就受过雷击，虽然她当时幸免于难，但从那之后，她的住宅曾遭受过3次雷击，特别是1957年的第3次雷击，她的家全部被烧毁了。

难以逃脱 的噩运

佩戴长大以后，与一位名叫亚尼斯特·巴达松的男士结为夫妇，婚后在美国密西西比州的乡镇温班·乍尔安家。这时他们仍旧无法逃脱雷神的魔爪，他俩的家在3年内连续被轰击了4次。迄今为止，她竟然遭受过8次雷击。最近发生的那次雷击最为恐怖，当温班夫妇在庭院剥豆荚时，突然狂风大作，雷雨交加，震耳欲聋的雷暴声响震撼了房屋，只见室内被雷击成一片焦黑。当他俩跑出走廊时，发现庭院有受到雷击的痕迹，家犬也不幸"遇难"。受到雷击的地面，竟留下了一条一米深的长沟。

不知是苍天捉弄人，还是佩戴体内存在某种特殊物质，使得雷神频频"发怒"，或者说这种现象纯属偶然呢？目前，我们无法解答这个问题。最令人费解的是佩戴每次都能死里逃生。许多专家学者不仅对她总是受到雷击进行探索，也对她能够在雷击后活下来进行了研究，但是两个谜题都未能解开。

嗜煤如命的人

SHIJIE TANSUO FAXIAN XILIE

人从出生到死亡，一直都需要用食物补充体内所需的营养物质，但有一些人似乎对人们认为不能吃的东西也感兴趣，李淑霞就是这样一个人，而她最爱吃的竟然是黑黑的煤炭。

突如其来 的想法

李淑霞第一次吃煤是在1987年。她在农村时就特别爱闻煤烟的味儿，后来竟到了不闻就想的地步。别人看到生炉子冒烟就要躲得远远的，可她专门往有烟的地方钻，一点儿也不觉得呛，还特别愿意享受那种味道。有一天，李淑霞突发奇想：既然煤烟味儿这么好闻，那么煤是不是也能吃呢？于是她找了几块，用水洗洗就放进嘴里，她觉得煤越嚼越香，从此一发不可收拾。

无法 解答

她也去过医院，中医、西医都看过，可医生也解释不了这种现象，更无法确诊。

有人问："你吃煤后的感受怎么样？"她说："没什么特别的反应，就是有时候煤吃多了感觉鼻子发干发热，再就是吃煤以后，抽了四五年的烟也戒了。"

据李淑霞自己表示，她也希望能有个人给她解释清楚，自己喜欢吃煤这种现象究竟是怎么一回事，最好是能找到方法帮她治好，因为每天吃煤终归不是一个正常人的行为和生活方式。

> **煤**
>
> 煤主要由碳、氢、氧、氮、硫和磷等元素组成，碳、氢、氧三者总和约占有机质的95%以上，是非常重要的能源，也是冶金、化学工业的重要原料，有褐煤、烟煤、无烟煤、半无烟煤这几种分类。

嗜吃玻璃的奇人

SHIJIE TANSUO FAXIAN XILIE

摩洛哥有个二十岁的青年阿蒂·阿巴德拉，他每天要吃掉三个玻璃杯。他说，咀嚼玻璃杯就像咬脆苹果一样爽快。从十四岁到现在，阿蒂已吃掉了八千个玻璃杯。好奇的人们都以观看他吃玻璃餐为乐事。

突然 获得的奇异能力

吃玻璃杯并非这位摩洛哥青年与生俱来的能力。在他 14 岁时的一个午夜，从睡梦中醒来时，突然有一种特别强烈的想咀嚼硬物的冲动，他随手抓起床边的玻璃杯使劲地咬起来，并将玻璃嚼成碎片，从此玻璃杯成了阿蒂每日必备的特殊"食品"。摩洛哥健康中心的医生从阿蒂的 X 光片中检查不出任何结果，他的口腔、胃肠都没有损伤的痕迹，也找不到玻璃的碎片。

在印度，库卡尼吞食日光灯管时，就像品尝甘蔗一样津津有味。他经常为观众表演这种"进餐"。观众常自费买来日光灯管供他吞食。只见他敲去灯管两端的金属接头，抱着玻璃管子就狼吞虎咽地吃了起来，仿佛他不是在吃玻璃管，而是在吃甜脆可口的甘蔗。他一面咀嚼一面翘起大拇指，连说："好吃，好吃！"医学专家曾用 X 光仪器和最新技术，对库卡尼进行过全面而细致的检查，但没有发现任何与众不同之处。

不怕毒蛇的人

SHIJIE TANSUO FAXIAN XILIE

在中国的武侠小说里时常会出现经过多年修炼而百毒不侵的人物，他们不仅能抵御敌人对他们使用的各种毒虫的侵袭，有的甚至还能毒死那些毒虫。

身体 含毒的人

生活在美国匹兹堡的工人格兰，一天被剧毒的响尾蛇咬了一口，可格兰被咬之后，却像什么也没发生一样，而那条咬人的响尾蛇，却没爬多远就死掉了。好奇的人们事后对格兰的血液进行了化验，发现他的血中含有剧毒氰化物，那条有毒响尾蛇是被格兰毒死的。学者们推测，由于格兰的工作使他经常与氰化物打交道，身体里也蓄积了大量有毒物质。任何动物咬了他，都有可能像那条可怜的响尾蛇一样中毒而死。

更让人惊奇的是，现在还有些人专吃毒蛇，而且是生吞毒蛇。在南非的克鲁格斯多普有个名叫列支维·加伦尼的人，他以生吞毒蛇为生。南非的另一个耍蛇人，不但能生吞毒蛇，还能产生毒素。有一次，他跟人发生争执，十分激动地咬了那人一口，结果那人竟中毒身亡了。

这些"毒人"和不怕毒蛇咬的人真是让人们不敢相信，但确实是存在的。这其中的奥秘，人们至今仍弄不清楚。

毒蛇

毒蛇的特征在于其分泌毒液的功能，毒蛇的唾液是从牙齿中射出的，这种有毒的液体可以当作麻痹敌人的武器。

自身能发光的人

SHIJIE TANSUO FAXIAN XILIE

我国宋代大科学家沈括写过一部科学著作,名叫《梦溪笔谈》,里面记述过一个鸭蛋发光的事件。其实,自然界能发光的东西是很多的;非洲有一种"恶魔树"能够日夜发光;我国也有"夜光树。"

现代科学研究证明,我们每个人的身体也可以不断发出光来,只是这种光微弱到不能被肉眼看到。但也有一些人能够发出可见的光来。

日本科学家使用了能检测到单光子的超敏摄像机。5 名 20 多岁的健康男性被安排连续 3 天,每天从上午 10 时到晚上 10 时,每隔 3 小时上身赤裸站在摄像机前 20 分钟,房间不透光,一片漆黑。研究人员发现,这些男子身体发光强度在一天内起起伏伏,发光最弱的时候是上午 10 时,发光最强的时候是下午 4 时,之后逐渐变弱。这些发现显示,发光和我们的生物钟有关,最可能与代谢节律在一天中的波动状况有关。

早在 1669 年,丹麦著名医生巴尔宁就发现一个意大利女人的身体会发光。20 世纪 30 年代,意大利又发现过一个发光的女子。人们惊奇地发现她在夜里走路的时候,似乎有光环环绕她的全身。著名英国科学家席利斯特里在他的著作《光学史》里,也记载过一个患甲状腺病的人身上的汗腺会发光。这种发光现象在一些有机体上常可看到,但在人体上则很罕见。

研究发现,人体光晕的分布有一定的规律。就同一人而言,一般手指尖的光最强,臂、腿和躯干较弱。上肢发光又往往比下肢强。人体的不同部位虽然紧密相邻,但它们发的光强度竟可相差一倍、两倍,甚至十几倍。同一个部位,发光强度始终维持在某一发光水平,直到生命状态发生了特殊变化。

1922 年逝世的苏联生物学家库尔维契就已经做出了著名的论断,一切机体(从微生物到人)在它们的生命活动中,都能放出一种微弱的,肉眼看不到的紫外线。它能促进细胞的有丝分裂。在机体或试管里进行的酶反应,都会伴随产生这种射线。最强的有丝分裂射线源是血液。这种射线的强度会因生理条件和疾病而异,疲劳时,辐射强度下降,患癌性疾病时辐射完全消失。这种辐射强度还会随有机机体的衰老有规律地减退。普罗斯基发现,这个发光女人的特点是血液的有丝分裂射线格外强,因此可以认为,人体发光是体内某种物质在有丝分裂射线的激发下,发出萤光的缘故。

可为什么只有少数人能发出可见光来? 科学家们至今还没有给出更合理的解释。

发光原理

人体场能是一种万有能的特征表现。而这种能是与人的生命紧密相连的。它可以被描述为发光体。这种发光体围绕着人体并穿透人的肉体,散发出它自身特有的辐射。人们常称之为"气",实际上也是光(电磁波)。

使用皮肤"视觉"的人
SHIJIE TANSUO FAXIAN XILIE

人们已经习惯了用眼睛看书，体会书中作者所描写的苦与乐，爱与恨，一行行的文字给人的不仅仅是视觉上的感知，更是心灵上的享受。那么，你知道有人可以用皮肤读书吗？事实上的确有这样的人。

拥有 皮肤视觉功能的人

库列·索娃是世界上第一个被发现具有这种特殊功能的人。不过最初在她开发这种功能的时候，她甚至从未听说过人可以靠手指皮肤来读书或辨色，可能她也不会想到这种功能随后会用她的名字来命名。

1960年，库列·索娃参加了文艺自修班学习，毕业后在盲人协会工作，并担任戏剧小组的负责人。她看到盲人竟能用刺在纸上的盲文阅读后，她决心亲自尝试一下。她刻苦勤奋地学习了两个多星期，终于学会了阅读。之后，她大胆闭眼试读普通人读的字母，这遭到了很多人的嘲笑。最初，她只有一种粗略的感觉。然而令人倍感惊奇的是，经过半年的刻苦练习之后，库列·索娃居然可以用手指阅读铅印的文章了。

多次 检验

很多人对库列·索娃能用皮肤阅读一事甚是怀疑，为了确保其真实性，有人用一条铺塞了棉花的黑布带将她的眼睛严实地蒙好，要亲自试验她。试验结果果然如她所言，所有的文字都被她用手指一一阅读出来。怀疑者没有死心，又加了一条塞棉黑带，将一本外加了密实的壳子的《银屏》杂志交给库列·索娃，之所以加了一个密实的壳子主要是为了阻挡她的视线。库列·索娃并没有对这样的待遇感到不满而放弃试验，她不仅能够用手指全部读出，而且更令人吃

惊的是,她竟用脚趾、手肘试读,并获得成功。

研究·发现

经学者研究证实,皮肤"视觉"取决于颜色及温度。在自然光照条件下,皮肤对红色、橙色最敏感,对紫色、蓝色次之,而对黄色、绿色及天蓝色最迟缓。总之,皮肤视觉对光谱两端的颜色(红、紫)最敏感。人体皮肤甚至对红外线、紫外线照射都会产生反应。库列·索娃的皮肤阅读事实恰恰说明了这一点。

世界之大,无奇不有,世界上有很多事情人们始终无法解释,但也正因为这些无法解开的谜团引导人们不断地探索研究,获得新的发现。

阅 读

阅读是一种主动的过程,是由阅读者根据不同的目的加以调节控制的。阅读是指从书面材料中获取信息的过程。书面材料主要是文字,也包括符号、公式、图表等。

形形色色奇怪的人

SHIJIE TANSUO FAXIAN XILIE

人体是十分神奇的,其中蕴藏着无数的奥秘,随着人类智慧的不断地发展,人体的奥秘也正不断被解开,但更多新的难解的奥秘却随之出现。人体就像一个充满库藏的宝藏,让人欲罢不能。

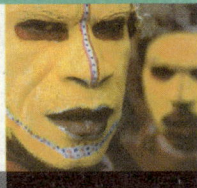

大自然的神秘就在于它的不可预测性,各种奇异的事情层出不穷,在进化的过程中,出现了形形色色奇怪的人,这些奇人异事充满着神秘,为研究人体科学开拓出新的课题。

体内 含固氮菌的人

在新几内亚的一个贫瘠山区内,生活着一些土著居民,他们每天仅吃很少量的食物,可是却并不像人们所想像的那样瘦骨嶙峋。恰恰相反,这些土著居民无论男女老幼,个个都显得十分强壮,没有任何营养不良的症状。对此,科学家们十分不解。于是,科学家们决定对这些土著居民进行周密细致的检查。检查结果显示,在这些土著居民的粪便中,氮元素的含量竟然远远超过他们进食的含氮量。是什么原因导致了进食少,排出的反而多呢?难道这些土著居民能像豆类植物一样固定空气中游离的氮元素?难道他们的身躯里也有固氮菌吗?经过科学家们的不懈努力,终于在这些土著居民的肠道里找到了固氮菌,正是这些固氮菌在土著居民的体内吸收和固定空气中的氮元素,继而合成人体所必需的蛋白质。虽然,目前无法解释土著居民肠道内存在固氮菌的原因,但这一发现对科学界的震动很大。科学家们希望在不久的将来能够培育出适合在人或者动物体内生长的固氮菌,利用这些固氮菌在人体或动物体内吸收和固定空气中的氮元素,不断地合成人类和动物生长、发育所必需的蛋白质。

测不到 大脑的人

在英国,有一位大学生几乎没有大脑,却智慧超凡。原来,这名学生患有脑积水,脑里的水其实是脑脊髓液,由脑室分泌储藏。在正常情况下,脑脊髓液循环于脑和脊髓内,最后进入血液。一旦这种循环受阻,或脑脊髓液过多,就会导致脑脊髓液积在脑腔内,形成脑积水。这种病通常会导致两个大脑半球畸形,头颅肿大。如果患有脑积水的婴儿在其出生几个月后仍能活下来,其智力也会极其迟钝。这名英国大学生头盖骨下的脑组织只有几分之一厘米厚,可是却十分正常,并且才智过人。时至今日,英国神经学家洛伯教授已发现了几百个几乎没有大脑却智力甚高的人。据他说,有些"测不到有脑子"的人,其智商竟然高达120。科学家们对这个现象也没有十分合理的解释,因为人类发挥脑功能的主要是两个大脑半球。科学家们猜测,脑积水患者的脑功能可能由脑内其他不太发达的部分代替了,或者正常人的大脑只发挥了脑功能的一小部分。无论如何,大脑很小的人,智力也可能很高。究竟是什么原因导致这一现象的出现,还有待科学家的进一步研究。

具有 千里眼的人

在瑞典的榭典马尔摩生活着一个平凡的家庭,却有着一位具有神奇的"千里眼"的人——马纽埃尔。有一天傍晚,马纽埃尔在离自己的家有四百多千米远的哥德堡和十几个好友一起吃饭,突然,他大惊失色地喊道:"不好!榭典马尔摩发

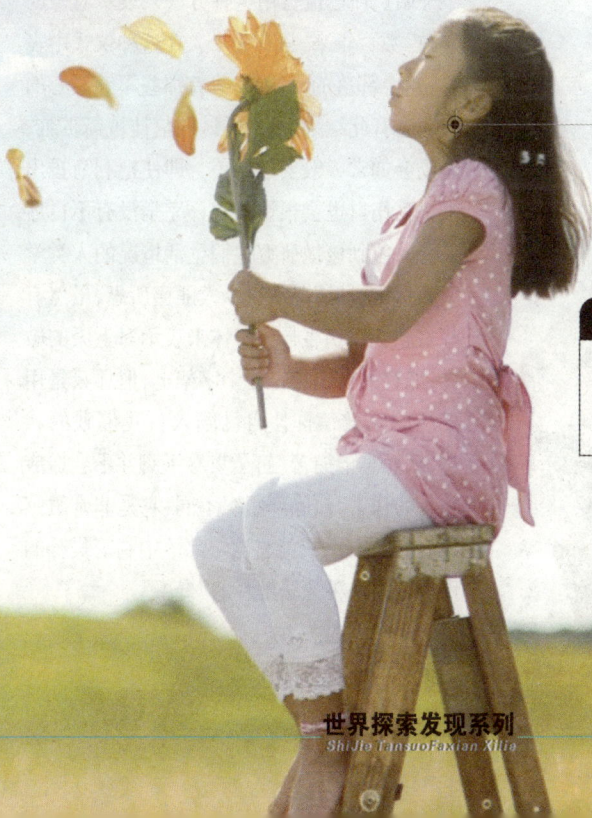

人体奥秘

人眼的暂留现象:看一个东西时间较长时,会在眼睛内留下印象,当看其他物体时,会看到那个东西的影子。

生火灾了，火势正在蔓延。糟糕！朋友家也着火了，看来我家也危险了。"过了一会儿，他才如释重负地说："好了，终于把火灭了。大火烧到在我家旁边的第三幢楼房时被扑灭了。"如此远的距离，马纽埃尔竟然可以像现场直播一般描述现场情景，与他一起进餐的朋友们都对他的话表示怀疑。但是不久之后，他的朋友们了解到，马纽埃尔的话与当时发生的火灾情景完全一样。人们对他"千里眼"的神奇能力惊叹不已。从此，马纽埃尔便成了榭典马尔摩的名人。无独有偶，在荷兰海牙也出现了一位具有千里眼的人，他的名字叫佩达·伏罗库斯，是个油漆匠。1943年秋天，伏罗库斯在工作的时候，不慎从高处跌落下来，头部受到撞击，当场不省人事，3天后才恢复知觉。醒来后，他发现自己对相隔很远的地方发生的一切都了如指掌，人们都称他为"千里眼"。真可以说是因祸得福了！从此，他开始帮助一些人寻找失物，甚至连巴黎的警方也曾求助过他，请他协助侦破复杂的杀人案件。

利箭穿脑 而不死的人

怪异的宗教行为在世界上很多少数民族或部落中都有存在，这些行为神秘而诡异，甚至有些行为连科学家也无法理解和解释，如喜马拉雅山南麓的一个印度小部落。他们在宗教节日时，无论老少男女都会用利箭穿过头部，同时还感觉不到痛苦，事后利箭也未对脑部造成任何伤害，这一现象使科学家们百思不得其解。据这个印度小部落的长者表示，他们的族人自1600年开始，便已流行用这种方法来表示对神的崇敬。数百年来，只有3个人在这种仪式中丧生。这个部落的人认为，只有那些不够诚心的人才会有此结果，虽然虔诚的信徒被箭贯脑，但仍会如常人般安然无恙，即使把利箭拔出来，其伤口也会很快愈合，完全没有不良后果。一位到该地研究他们生活情况的人类学家表示，这种情况实在令人匪夷所思，虽然有些宗教徒以伤害自己身体来表示对上天的敬畏，如有人自愿被钉在十字架上，但那只是用狂热的宗教信仰使自己陷入自我催眠的状态，从而忘记痛苦。钉子贯穿手脚并不会造成长久的伤害，但脑部组织不同，它是非常敏感脆弱的。因此，只能将这一部落中利箭贯脑的现象视为一种无法解释的"奇事"。

无法锁住的奇人

SHIJIE TANSUO FAXIAN XILIE

美国人哈里·霍迪尼是历史上最著名的逃脱术大师。英国著名作家柯南·道尔曾经称他是『具有超自然力量的人』。德国的一位记者由衷地赞赏他『具有将自身化为非物质、通过障碍物后，又将自身组织起来的能力。』是『锁不住的奇人』。

逃脱术大师 哈里·霍迪尼

在神秘的魔术舞台上，我们常常会见魔术师表演逃脱术。美国人哈里·霍迪尼是历史上最有名的逃脱术大师。他炉火纯青的逃脱术表演已远远超出魔术的范畴。在华盛顿的联邦监狱中，他的手脚被牢牢锁住，然而在短短的27分钟后，他不仅自己从中逃了出来，并且将另一间牢房中的18名犯人转移到一间上锁的空牢房里。《美国时报》欣赏地称其是"锁不住的奇人"。

苏格兰场 崭露头角

霍迪尼本名埃里奇，生于1873年，匈牙利人，1874年举家迁移美国并加入美国国籍。1888年，他读了19世纪法国著名魔术大师罗伯特·霍迪尼的自传之后，时刻梦想着自己能够成为一位魔术大师，并将自己的名字改为霍迪尼。1889年，他白天在工厂做工，夜晚则到剧场做魔术演出的助手。1893年，他来到了纽约，自己独自表演逃脱术，但是观众的反应却非常冷淡。于是他转而前往伦敦，找到了当时伦敦最大的一家剧场，但是剧场的经理根本就看不上当时毫无名气的他，对他说："你先到苏格兰场去，如果你能从他们的手铐中逃脱，我就让你在这里表演。"于是霍迪尼来到了苏格兰场，说服了那里的警长，警长给他戴上了一副手铐，把他锁在一根粗大的柱子上。然后戴上帽子对他说："我去吃午饭，等会儿回来放你。"但是当警长转过身刚走了一两步时，就听见霍迪尼在后面喊道："稍等，尊敬的警长，我和您一块儿去。"只见他手里拿着脱下的手铐，微笑着走了过来。这件事情传开之后，英格兰几乎所有的报纸都把

它作为奇闻报道，从此以后霍迪尼的名声大震。

莫斯科　秘密监狱再度亮剑

1903年5月，霍迪尼来到了莫斯科，为了给演出作宣传，使演出能收到更好的效果，他拜访了当时莫斯科秘密监狱的长官莱伯托夫。他希望莱伯托夫将他关进监狱并且严加看管。由于霍迪尼要表演的是如何轻而易举地从狱中逃走，莱伯托夫知道他是赫赫有名的逃脱术大师，因此婉言谢绝了。并不甘心的霍迪尼建议说："把我关在'凯里特'里面怎样？"莱伯托夫闻言大笑。要知道，"凯里特"是一种专门用来押送最危险的犯人前往西伯利亚的特制囚笼，1.3米见方，全部用钢板制作，上面仅有一个20平方厘米的密布钢条的小透气口，囚笼的门上有一个非常特殊的装置，锁门的钥匙在莫斯科，锁门时钥匙带动里面的另一把锁，锁上后根本就没有办法再打开。而开门的钥匙则在三千二百多千米之外的西伯利亚监狱长那里。莱伯托夫不屑地回答道："那好吧！既然你自不量力，我就成全你的挑战。但是，那样的话，你只有到了西伯利亚才能出来。"霍迪尼信心十足地说："我一定会很快出来的。"

警察对他全身进行了严格的检查，并给他戴上了特制的手铐和脚镣，然后把他塞进了"凯里特"，锁上钢门之后，将囚笼推到监狱内的高墙边，莱伯托夫和警察紧紧盯着囚笼。20分钟之后，只见霍迪尼满头大汗地从囚笼后面走出来，神情轻松愉快。所有在场的人都十分惊讶，几名警察冲上前去仔细检查囚笼。只见透气口上的钢条完好无损，门上的钢板也完好无缺，唯有手铐和脚镣堆放在笼内。他是如何从牢笼中逃脱的呢？至今为止，这仍然是个难解之谜。

揭穿　巫术的勇敢斗士

霍迪尼的逃脱术可能是一种特异功能，他自己从未讲过其中的奥秘。对于那些装神弄鬼的江湖术士的骗人行径，他坚决反对并对其进行了无情地揭露和批判。美国当时有些擅长瑜伽术的印度托钵僧表演将自己活埋后又起死回生。他们自称有所谓的"超自然的力量"。为了戳穿这种无耻的谎言，他自己爬进一具棺材，双手交叉放于胸前，让人把棺材盖钉上后将棺材埋入土中。当他脸色苍白地从棺材中出来后，他将"超自然的力量"斥为"仅仅是个小把戏"，并说这是因为自己之前24小时不进食，在土里保持绝对静止的状态，可以大大减少氧气和体力的消耗。

1926年，霍迪尼在加拿大蒙特利尔的一所大学里进行揭露招魂术欺骗行径的讲演，这件事情使当地的招魂术士和灵魂术士们十分恼怒。他们开始疯狂地报复霍迪尼。有一天清晨，霍迪尼还在床上休息，几个陌生人突然闯入他的屋内，逼迫他改变对招魂术的看法，并保证不再进行拆穿招魂术的活动。但是霍迪尼义正词严地对这伙人进行了驳斥。这伙暴徒恼羞成怒，朝他头上猛烈地击打，不久之后，重伤的霍迪尼就死去了。霍迪尼的表演曾经使成千上万人震撼、惊异，他拆穿无耻的招魂术的壮举也被人们铭记在心。如今，霍迪尼已成为逃脱术的代名词。他死了以后，每年都有无数魔术师来到他的海洛文墓地凭吊他，怀念这位谁也锁不住的奇人。

逃脱术

逃脱术是一种极富挑战性的魔术表演，但是霍迪尼的逃脱术已经不是一种单纯的舞台幻术，因为他的很多逃脱术表演已经无法用魔术的理论来解释了。

具有超能力的怪人

SHIJIE TANSUO FAXIAN XILIE

前苏格兰国王王冠上的斯科思宝石被盗，所有伦敦警察束手无策，赫科斯通过一件工具和一块手表抓到了罪犯。这是偶然的巧合，还是超然的天赋？

宝石 被窃案赫科斯初试锋芒

1950年，曾有一条震惊世界的新闻，世界各地的报纸争相报道，前苏格兰国王王冠上的斯科思宝石在威斯敏斯特教堂被盗。离奇的案件总是很难侦破，罪犯作案之后没有留下有利的侦破线索，整个伦敦警察厅在寻宝过程中多次碰壁，为不知情的人们所耻笑。在走投无路的时候，他们找到了一个具有奇异天赋的年轻人，他就是彼得·赫科斯。赫科斯与侦探们一起前往伦敦，在盗窃现场他表现出了超人的能力。

在那座举世闻名的大教堂里，警察能够交给赫科斯的线索仅仅是盗贼随手丢下的一件作案工具和一块手表。经过几小时的现场勘察以及对盗贼留下的食物碎屑的悉心研究，赫科斯在一张伦敦市地图上逐渐画出一条路线，他满怀信心地告诉侦探那就是盗贼们携带宝石驾车逃逸的路线。这位自称从未到过伦敦的荷兰青年，竟然通过自己的想象一一叙述了他所画路线周遭的建筑物的情况，更加令人难以置信的是他还能翔实地描述出这伙由三男一女组成的盗窃团伙中每个成员的容貌以及他们的衣着打扮。事实证明彼得·赫科斯的描述是正确的，三个月后落入法网的窃贼们的情况居然和赫科斯所描述的完全一致。这些是巧合吗？我们不得而知。

预言

预言并不是通过科学规律对未来做出的推算，而是指具有超凡能力的人偶然间获得的对未来的预报，这些人的头脑通常对未来具有极为敏感的感知能力。

火灾 将出现,凶犯是个小男孩

除此之外,彼得·赫科斯还有超人的预测能力,他的预言也常常被发生的事实验证。1951年8月,荷兰内伊梅要根市及其周围的村庄火灾迭起。数星期后的一个晚上,赫科斯告诉他的朋友说另一场火灾即将出现在约翰逊家的农场上。两人一起到警察局报案却遭到质疑。无奈,赫科斯只好用事实让警长相信他的话。他闭上眼睛说出了这位警长衣袋里装的所有东西,才得到信任。但当他们赶到时,大火已经无情地吞噬了整个农场。在随后的现场勘查中,他无意间在灰烬中找到一把烧焦的螺丝刀。他抚摸了一阵,告诉警长纵火者是一个年龄在13岁到19岁之间的男孩,赫科斯看完全城所有学生的照片后指着一个富豪的儿子说他就是凶手。警长难以相信甚至觉得可笑。赫科斯说在那个男孩的衣袋里有一盒火柴和一个汽油打火机,那是罪证。然而那个男孩在面对警察的询问时却矢口否认一切。赫科斯说男孩从火场逃跑时左腿被铁丝网刮破,事实即是如此,男孩儿面对铁证,只能对自己的罪行供认不讳。

毫无所获 的研究

1957年,贝尔克心理研究基金会的专家们对赫科斯进行了研究。专家们发现强磁场对他的能力没有任何影响。这位具有雷达般头脑的人,他的惊人天资,甚至比科学还要奇妙。然而,至今为止,人们对于他的神奇能力的研究依旧毫无所获。

超乎想象的奇人奇事

SHIJIE TANSUO FAXIAN XILIE

大千世界，无奇不有。人类生活的这个世界如此丰富多彩，奇人奇事每天都在上演。人们在对这些超乎想象的奇人奇事心存疑问的同时，也在探寻其背后隐藏的奥秘。

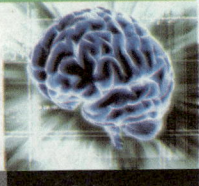

美国加利福尼亚州的蒙培镇，有个叫格利斯的舞蹈工作者。他跳的是一种独脚舞。平常他从不往椅子上坐，一天到晚，不是一只脚一蹦一跳地走路，就是金鸡独立式地用一只脚站立着休息，当一只脚站累了，就换另一只脚。更有趣的是，他不在床上睡觉，困了就用一只脚站着睡觉。他说："当我用双脚站着的时候，头立刻就有刺痛的感觉。如果叫我坐着或躺着，我就会昏过去。所以，还是单脚站立着比较舒服。"对此，专家也给不出合理的解释。

在澳大利亚的阿得雷德城，有个叫毕格斯的 50 岁女人，她因入水而不沉轰动了新闻界。毕格斯从未学过游泳。不久前，当她第一次来到游泳池游泳时，发现自己像一块软木一样浮在水面上。她感到很惊奇，就在自己的身上绑了块石头，结果还是不会沉到水下。不仅她自己弄不清原因，连医学家们也解释不清。

犹太教的大师犹太·米拉生于 1660 年，死于 1751 年，活了 91 岁。他从 50 岁开始，每周绝食 6 天。也就是说，他每周从星期六的夜里开始，到下周星期五晚上的这段时间绝食。只在安息日

(星期六)的前夕和一年 12 次的犹太教节日里他才有控制地进食。米拉尽管遵守着这种被认为是残酷的戒律，但他身体很好。

苏联有位叫尼古拉·科耶斯基的青年工人，有一天他下班后去浴池里洗澡，忽然发现自己所用的毛巾上有一些红色的斑点，起初他以为是自己不小心弄脏了毛巾，便用水把斑点洗了下去，谁知过了一会儿那些斑点又出现了。他想难道是自己用劲过猛把身体搓破流血了？结果他发现他的全身布满了一层非常稀薄的红色粉末状的东西。尼古拉·科耶斯基慌忙用水冲洗，结果越冲越多，他只好去医院检查。在医院里，医生们将他身上的红色粉末取样化验，证实这种红色粉末是氧化铁，这使医生们大吃一惊。他们向尼古拉·科耶斯基提出建议，以后不要再洗浴，要避开雨天出门，否则难以活到 40 岁。这起奇怪的"铁人"事件引起了人们的注意，乌克兰基辅大学人类研究中心主任斯脱利加克医生对尼古拉·科耶斯基进行了认真的检查后说："我从未见过类似的情况，当然，每个人都需要铁元素来维持健康，但尼古拉·科耶斯基的身体内产生那么多铁质，已经使他的皮肤开始生锈，而且更为严重的是他的内脏也在生锈。"医生们在检查尼古拉·科耶斯基的家族疾病史的过程中，并没有发现有什么异常现象，同时，尼古拉·科耶斯基的生活环境和饮食习惯也没有特别之处，医生们对此束手无策。

特殊的身体

对于很多人身上出现的怪异现象或行为，目前科学界还无法给出合理的解释，但是有一点可以肯定，这些人的身体一定与常人大不相同，只是我们还没有发现他们身体的独特之处而已。

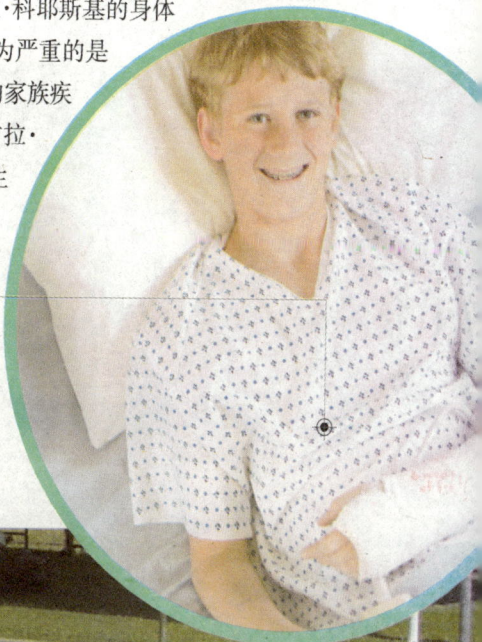

长生不老的谢尔曼伯爵

SHIJIE TANSUO FAXIAN XILIE

古往今来，无数达官贵人为了能够长生不老而耗费巨资。人真的可以长生不老？生活在18世纪法国的一位圣·谢尔曼伯爵却真的维持了长生不老。

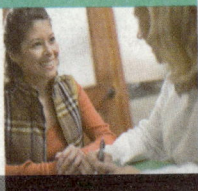

无论是达官贵人，还是贫民百姓，每个人都希望自己长生不老。然而终究没有人能够研制出或找到长生不老之方。不过法国的圣·谢尔曼伯爵却是个特例，这是为什么呢？

长生不老的人

圣·谢尔曼伯爵之所以被发现能够长生不老，是因为在1743年他与法国的谢尔吉夫人偶然相遇，但谢吉尔夫人在看到圣·谢尔曼伯爵时却十分惊诧，因为他们已经有40年没有见面了，可是圣·谢尔曼伯爵不但没有变老，反而显得更年轻了。实际上他们上一次在意大利碰面时，伯爵已经是年近50岁的人了。

1784年2月，有人传言圣·谢尔曼已经逝世，1785年，圣·谢尔曼竟在一次集会上出现了。圣·谢尔曼为何能够容颜不老，而且越活越年轻呢？是他服用了什么灵丹妙药吗？人们对此一无所知，他的不老之谜也一直困惑着人们。

展望

有一天，当人类完全了解自身的时候，或许人类真的能利用科技实现长生不老的愿望。

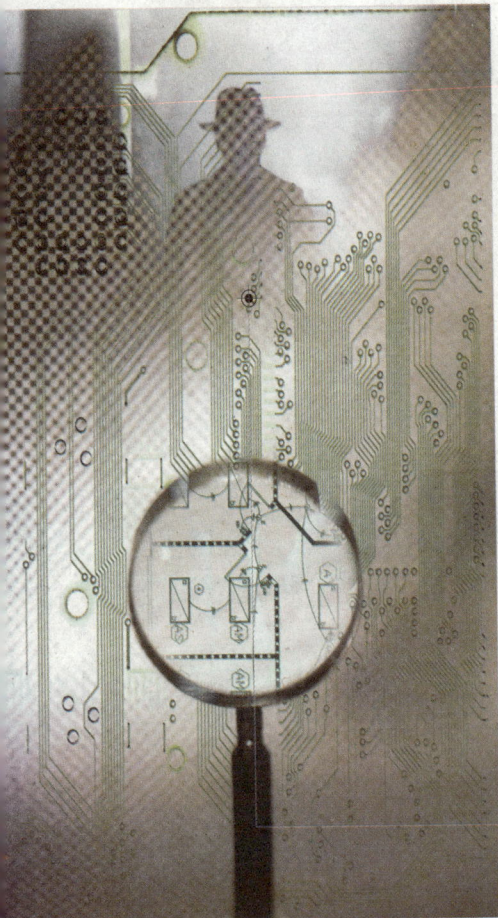

世界探索发现系列

Buke Siyi De Renlei Xuan'an

|不可思议的人类悬案|

3

进化之谜

JINHUA ZHI MI

人类何时诞生之谜

SHIJIE TANSUO FAXIAN XILIE

在浩瀚的时间长河中,人类究竟存在了多少年?史学家们针对这一问题进行了一系列的考察。很多新的发现正在帮助我们揭开人类的诞生时间之谜。

1984年,肯尼亚与美国的专家们在肯尼亚发现了一块500万年前的古人类化石。参与发掘工作的人类学专家D·匹尔比姆说:"这次出土的颚骨,将会把人类出现时间又向前推进了100万年。"

人类 的年龄

尽管没有石器与这些化石同时存在,而且有的问题还存在着一些争议,但通过"化石形态"与"功能鉴别分析法"判定,它们已经可以归为"人属"。如果按照"先木器论"的观点,这些被发现的原始人最先开始使用的是木制工具,它们就是在木器制造的过程中转变成人的。因此,人类的历史已经不是二三百万年,至少也是三百万年,甚至是四五百万年。

虽然新证据的出现正在将人类出现的时间推向更加久远的过去,但这还缺乏科学家们的进一步论证以及更多实物证据的出土。

头骨化石

考古学家们正在通过考古的手段不断了解我们人类的过去,并希望能够从中研究出人类诞生的具体时间,但是,很多研究成果会在人们发现新的文物或证据后被推翻,人类的自我认知之路依然困难重重。

人类祖先之谜

SHIJIE TANSUO FAXIAN XILIE

在当代科学家们的心中一直存在着这样的问题，人类究竟是在哪里起源的？人类的祖先又是谁呢？关于这些问题，科学家们众说纷纭、莫衷一是。但科学家们对这些疑问的探索并未止步，人类祖先的神秘面纱终将被揭开。

北京猿人

人类 的祖先

对人类起源的推断，主要的依据就是古人类化石。如今发现的古代人类化石，大多是在亚洲和非洲地区。19世纪末在印度尼西亚发现了直立猿人的化石，20世纪20年代，又在北京周口店发现了北京猿人的化石。这两个重大发现，使人们相信人类的发源地在亚洲，古亚洲人是人类的老祖先。但在20世纪60年代，科学家们又依据新发现的"东非人"的考古资料，开始相信非洲是人类最早的发源地，古非洲人最有可能是人类的祖先。

"东非人" 和"能人"

1931年，英国人类学家李基博士和他的夫人为寻找早期人类化石，选择了坦桑尼亚奥杜威峡谷一带作为发掘基地。这个峡谷曾发现过不少石器，最初因一位名叫卡特温凯尔的德国生物学家在此采集昆虫标本时，发现了一些动物化石而引起了人们的注意。最初两年，李基夫妇只找到了一些已灭绝的动物化石和旧石器时代的粗糙石器，但一直未发现与这种文化相关联的人类化石。直到1959年7月17日，他们在经过长达几十天的艰苦工作后，终于取得突破性进展，发现了一具史前人类的头骨，该人类被命名为"东非人"。"东非人"的发现，轰动了全世界。1963年，李基博士的长子乔纳森·李基在同一地层又发现了另外一具比"东非人"还要早的人类遗骨，其生存年代距今约185万年，被命名为"能人"。20世纪70年代初，小李基在其著作《起源论》和《湖上居民》中指出："能人"直接进化成"直立人"，成为智人和现代人的直系祖先。此后其他一些人类学家又陆续发现一些新的"能人"化石和足迹，其生存年代大大超过了小李基的发现。特别值得一提的是,1975 年在坦桑尼亚的莱托利地区,人类学家玛丽·李基等人发现了"能人"足迹。不仅如此,在东非地区也发现了丰富的属于"直立人"的化石。1965 年,李基博士在奥杜威的地质堆积层第二层发现了属"直立人"的化石,命名为"李基人"。1969 年,在坦桑尼亚出土了一段属于"直立人"的大腿骨。1976 年,在肯尼亚特卡纳湖东岸附近地区,人们发现了一个相当完整的"直立人"化石,它被认为是现代人的直接祖先。

达尔文 的观点

早在 19 世纪下半叶,达尔文就提出了人类起源于非洲的观点。他在著作《人类的起源及性的选择》中指出:"在世界各个地区,现存哺乳动物和同种已绝灭种类是密切相关的。所以同大猩猩和黑猩猩关系非常密切的猿类,以前很有可能栖居于非洲。而且,由于它们同现今人类的亲缘关系最近,所以人类的早期祖先曾经生活在非洲大陆而不是别的地方,似乎就更加可能了。"达尔文提出这种观点时,人类化石还很少出土,其他各门与人类学相关的科学也还不发达,所以当

时达尔文的观点只是一种推测和假设。但随着东非一系列人类化石的出土,大部分化石都印证了达尔文的推论。科学家的依据有三点:一是迄今为止只有在非洲大陆发现了人类进化的各个阶段的化石,从古猿到腊玛古猿、南方古猿以及"完全形成的人"——能人、直立人、智人和现代人。迄今为止,已知最早的并完全形成为人的化石也是在非洲大陆发现的;二是非洲地域辽阔、地形多变,这样的外部环境,对猿类进化起到了重要的促进作用。东非火山活动对人类进化的影响更值得人们注意。火山很可能是人类早期工具之一——火的源泉,也正是因为火山活动才造成了今日的沙洲、湖泊,而火山喷出的各种元素,使各种动物的骨骼发育一代胜过一代;三是分子生物学的研究表明,非洲的大猩猩和黑猩猩与人最近的亲缘关系,这给达尔文的推论提供了有力的科学依据。

随着科学家们日益深入的发掘与研究,人类起源之谜正在逐步被解开,相信人类祖先的真正面目终将大白于天下。

人类是怎样站起来的

SHIJIE TANSUO FAXIAN XILIE

按照达尔文的进化论观点，人类是由远古时期的猿在漫长的岁月中逐渐进化而来的，但人类对很多进化的过程都不太了解，人类是怎样用双脚直立走路而解放出双手的过程就是一个人类尚未解开的谜。

科学家们普遍认为劳动是使人类直立行走的重要原因之一。人类使用工具，必须要将双手解放出来。

英国人类学家提出，由于人类祖先生活在光线强、气温高的热带林地，为了更好的散热，以防止高温对人体造成伤害，古人类选择了直立行走的方式。

2004年，德国科学家在太平洋中部4 800米的海底深处发现了罕见的铁同位素——铁60。这种铁同位素除在大恒星的中心形成外，人类很难在地球的自然环境中找到，所以人们推测这种铁同位素是在一次外星爆炸中被"喷射"到地球上的。科学家们测定，这次爆炸大约发生在300万年前。科学家们认为，那次恒星爆炸引起了地球气候的突变，并最终造成非洲地区森林的退化，正是这种退化迫使原始人类改变生活方式，从树上下来，并渐渐学会直立行走。

直立行走使人类的大脑迅速发达起来，更解放了人类的双手，经常使用工具的手变得越来越灵巧，为人类发展创造了有利的条件。可是为什么在同样的环境下，只有人类能够直立行走呢？这还需要人们做进一步的研究。

人类劫难之谜

SHIJIE TANSUO FAXIAN XILIE

《圣经》中记载，亚当和夏娃被逐出伊甸园后，在地面上繁衍生息，但是很快罪恶充斥人间。于是上帝愤怒了，就发动了一场特大洪水……

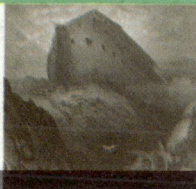

被拯救 的挪亚

有一个叫挪亚的人，心地善良正直，上帝认为他是一个义人，很守本分，所以上帝告诉他："在这块土地上，人类的恶行太多了，我决心毁掉所有的人。我将使洪水泛滥，毁灭天下。在所有的生灵中，只有你最和善，所以我决定救助你和你的妻子以及你的孩子们。"

挪亚按照上帝的吩咐用木头造成方舟。方舟长 360 米、宽 23 米、高 13.6 米，分为三层，有 15 万吨级轮船那么大。方舟建成后，挪亚一家及所有的动物都进入到方舟里。不久，乌云密布，电闪雷鸣，灾难开始了。暴雨整整下了 40 个昼夜，上帝完成了他对人类的惩罚：罪恶消失了，生命也毁灭了。大地白茫茫一片，只有方舟在洪水中不停地漂泊。据《圣经》记载，150 天后，水势渐退，挪亚方舟停在了亚拉腊山巅（今土耳其东部）。又过了 40 天，挪亚放出鸽子，鸽子叼回一枝橄榄叶，表明洪水已退。于是挪亚带着一切活物走出方舟，回到地面重建家园。

发现 挪亚方舟

挪亚方舟的故事，是一个距今 6 000 年左右的传说。在今天，除了基督教徒外，谁还会相信这种离奇的神话呢？但是后来有人认为挪亚方舟的故事记载的应该是人类历史上所遭受的一场自然灾难，是人类的一次劫难。但很多人都不同意这种说法，直到 1916 年，俄国飞行员拉特米在飞越亚拉腊山时发现了挪亚方舟。

其实，拉特米并不是第一个发现挪亚方舟的人，只是之前的发现并未引起轰动。早在 17 世纪，荷兰人托依斯就曾写过一本《我找到挪亚方舟》的书，并附有方舟的插图。1800 年，美国人胡威和于逊,也说他们在亚拉腊山看到了"方舟"。

亚拉腊山位于土耳其东端,是一座海拔5 065米的死火山,山顶被冰川覆盖着。1876年,英国贵族詹姆斯·伯拉伊斯爬上了亚拉腊山,并在高约4 500米的岩石地带捡到一些木片,于是他对外界宣布自己找到了方舟的残迹。

1952年,法国探险家琼·多利克又组织了一支探察队,并成功地登上了亚拉腊山顶,然而他们什么也没有发现。但队内的一个叫琼·费尔南·纳瓦拉的队员仍不甘心,他认为在亚拉腊山的什么地方一定能找到挪亚方舟。1953年7月,他带着11岁的小儿子拉法埃尔,第三次登上亚拉腊山峰,去寻找挪亚方舟。这一次,他终于发现了挪亚方舟的残片。他们从冰川中挖出了一部分方舟残片,并带回了其中的一块。这块古木板后来被寄送到西班牙、法国、埃及等国家的研究所进行科学研究。研究结果表明,这是一块经过特殊防腐涂料处理的木板。经碳14测定,它至少有4 484年的历史,正是传说中"方舟"的建造年代。费尔南坚信自己发现的就是"挪亚方舟"。

新 的 消息

最令人震动的还是近些年的新发现。美国学者戴维在亚拉腊山以南的乌兹恩吉利附近的穆萨山顶发现了一艘大船,该船船头呈洋葱状,长度基本上和《圣经》上记载的挪亚方舟相符。

而在1989年9月15日,两名美国人乘直升机飞越亚拉腊山西南麓上空时,也发现了挪亚方舟,并拍摄了照片。驾驶员查克·阿伦说:"我们在亚拉腊山海拔4 400米处发现了一只方舟形物体,我百分之百地确信,这就是方舟。"他和同伴计划在不久的将来有条件时攀登这一山区。目前,已有三支美国考察队在搜寻这艘挪亚方舟,他们的搜寻重点都放在亚拉腊山的西南麓。那么挪亚方舟故事是否记录了人类发展史上的一段劫后余生的历史呢?也许,在不久的将来,科学家们就将拿出具有说服力的证据,来解读《圣经》中的故事了。

石器时代的未解之谜

SHIJIE TANSUO FAXIAN XILIE

　　2002 年，考古学家在四川发现了 800 多件表面有条纹和规律齿状痕迹的石制品，它们向人类展示了远古人类的一项特殊石器加工工艺——凿制石器工艺。

　　漫长的人类社会发展史，遗留给我们无数的疑团，在揭开一个谜团的时候，另一个疑团又接踵而至。无数疑团被揭开的同时，人类也在不经意间对自身有了更深入的了解。

石器时代 新谜团

　　宝兴县厄尔山位于青衣江上源之一的宝兴西河右岸，它的山势比较陡峭险峻，山下分布着许多耕地，而耕地则通常分布在冲沟或坡脊的两边或者山凹之中，凿制石器很多都出现在这个地方。这 800 件石制品为什么会出现在这个地方？

　　据考古学家介绍，这批石制品虽然都是凿制的，但是它们在器形和加工方式上都很接近已知的打制石器和细石器的特征，这种特征竟会给人们带来什么新发现呢？这一切都有待人们做进一步的研究。

进一步研究

经科学家确认，这些石制品是远古人类遗留下来的，而且当时的远古人类已经具备了一定的审美，对工具的使用也已经达到了很高的水平。

史前的人类
SHIJIE TANSUO FAXIAN XILIE

史前人类的生活究竟是什么样的呢？越来越多的考古发现和研究成果为人们揭开了远古人类的生活之谜，同时，也为研究人类的起源找到了新的突破口。

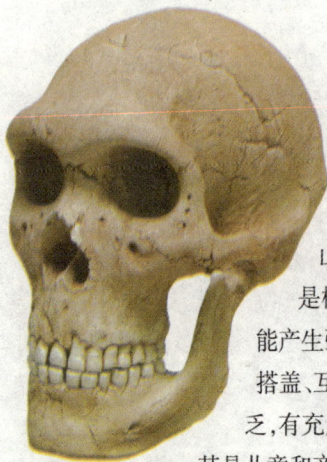

史前人类 的生活习惯

史前时期，人类各民族主要以游牧的方式生活，在一个地点定居数月或数年后，接着继续迁徙。虽然有时气候严寒，但这些游牧民族都已经学会了用石针将兽皮和毛皮缝制成暖和的皮衣来抵御寒冷。他们大多数居住在悬崖下和山洞中，必要时才在空旷的地方建造永久住所。这些住所有些是极大的帐篷式结构，地面低陷，以兽皮做围墙，设有石基，还有能产生强大热力的沟炉。在俄罗斯，有证据显示这些建筑是一些兽皮搭盖、互相连接的圆顶建筑。生活在这一时代的人类，食物供应并不匮乏，有充足的树根、坚果、浆果和树叶用以充饥。他们的死亡率很高，尤其是儿童和产妇。但他们显然没有现代人的一种疾患——龋齿，因为考古学家在他们的任何一具骸骨中，从未发现过龋齿。

他们在雕刻艺术方面的成就，可能是石器不断改良的结果。而且为了方便打猎，他们还发明了弓箭。石器时代的古人生活，虽然经历了漫长的几千年，却没有多大的变化。一直到第四纪冰川时代结束时，人类的生活才发生了巨大的变化：他们决定在一个地方定居，不再四处游牧了。

尼安 德特尔人

一提到"史前人类"这个名词，人们的脑海里便会浮现出一个以毛皮蔽体、挥舞大头棒、手扯女伴头发、跟跄行走的野人形象。人们之所以会产生这一印象主要源于19世纪对一具古代尼安德特尔人骨骼的研究。当时的研究表明尼安德特尔人是一种走路笨拙、弯腰曲背、下颌粗大的生物。然而，最近的科学研究表明，人们挖掘出的尼安德特尔人的骨骼是一个老人的骸骨，并不足以作为其同类的典型。

在人类漫长的进化过程中，直立猿人可能在大约 150 万年前出现，智人则是在大约 50 万年前由直立猿演变而成的。多数人类学家将尼安德特尔人列为智人的一个亚种，并称其为尼安德特尔智人。1856 年，在德国莱茵省杜赛道夫市郊尼安德谷的一处考古地点，人们发现了一个颅骨的一部分，还有一些其他骨骼。因此，考古学上将它定名为尼安德特尔人。此后在欧洲、北美和中东其他地点，又挖掘出更多尼安德特尔人的骸骨。

高加索 地区的"野人"

据统计，"野人"大多是在高加索山脉至中亚广阔地带的戈壁沙漠中出现的。这些"野人"被统称为"阿尔玛斯"，意思就是猿人（猿与人混种）或猎人。从 15 世纪开始，当地的部落民族和探险家便不断地发现这些神秘和难以亲近的生物。在 20 世纪，一名在俄国革命期间驻防帕米尔山脉的军官，曾对外宣称其属下的士兵追到一个这样的生物并将之射杀。他在说到这个生物时，屡次使用这些相同字眼："前额倾斜……眉毛非常粗……鼻子极扁平……下颌阔大凸出……中等高度。"这些特征，与我们所知的尼安德特尔人极其相似。因此，科学家们认为那些士兵很可能杀死了世上遗留下来的最后一个尼安德特尔人。当然，这个生物是否是尼安德特尔人，以及他是否还有其他的同伴存在，这些都有待于科学家们做进一步求证。总之，无论结果怎样，对尼安德特尔人的研究，都有助于人们认识和了解人类的史前文明。

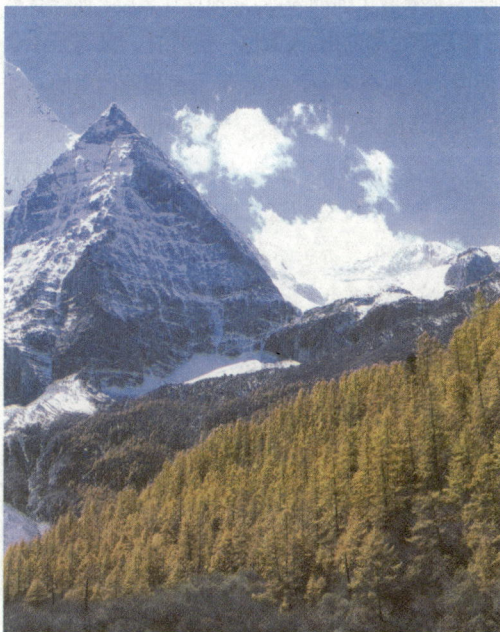

神秘的苏美尔人

SHIJIE TANSUO FAXIAN XILIE

古巴比伦王国的苏美尔人是一个奇特的民族，他们的肤色与这一地区的白种人明显不同，却与亚洲人极为相似，可至今科学家们也搞不清楚苏美尔人究竟源自何处。

苏美尔 文化

考古学家在考察苏美尔人的古代文化时，在埃及库云底亚克山里，发现了一首雕刻在 12 块陶制板上的用苏美尔文写的英雄叙事诗。这首诗的主要情节和《圣经》中的第一部"创世纪"如出一辙。书板第七块的叙述内容，尤其引人关注。用今天的宇航知识来看，诗中记载了一次太空旅行的实况。

主要情节是这样的：恩度克独自在森林中散步，忽然被一只巨鹰的铜爪抓住，他被拖拽着在空中飞行。大约 4 个小时后，他听到了一个声音："你看看下面的大地，大地像什么呀？你再看看大海，大海又像什么？"恩度克回答："大地像一座高不可攀的山，大海像一条湖泊。"又飞了 4 个小时，那个声音再次向他提出同样的问题，他便说："大地像个美丽的花园，大海像花园里的一条水渠。"又 4 个小时后，恩度克灵机一动便说："大地像碗米粥，大海像个装水的槽子……"

在载人飞船进入太空以后，人们才发现，恩度克的这几种比喻实在是太贴切不过。但是苏美尔人怎么会预见这种现象呢？关于苏美尔人史诗的由来，至今无人能给出一个满意的答复。

苏美尔文明

苏美尔人是两河流域的早期定居民族，他们所创造的苏美尔文明是整个美索不达米亚文明中最早，同时也是全世界最早产生的文明。

原始人文身之谜
SHIJIE TANSUO FAXIAN XILIE

> 很多年轻人为了追求时尚，在耳朵、鼻孔等部位打了很多洞，而现在文身则成为了时尚年轻人的新宠。文身最早可追溯到原始的土著人，探其原因是一件很有趣的事。

远古文明 的一面镜子

早期的绘身是指用某种方法把各种彩色的颜料涂抹在人们的身体上。这种绘制的花纹尽管色彩鲜艳，但只能作为临时装饰，因为它很容易被洗去，所以要想永久地保留下来，就必须用文身的方法。所谓文身，是指人为地给皮肤造成创伤以留下伤痕，或者在被针刺过的皮肤上涂抹染料以便使色素经久不退地保持在表皮之下，前者称为瘢纹，后者称为黥纹。考古学家和人类学家指出，绘身和文身的习俗在数万年前的旧石器时代就已经产生了，而今，绘身与文身更成为一种十分独特的原始艺术，人们从中可以窥见远古人类的某些宗教信仰和社会风俗，是现代人了解远古文明的一面镜子。

远古人类认为，绘身和文身是一件特别神圣的事。澳洲的土著居民平时喜欢随身携带红、白、黄等各色颜料，并将其点在颊、肩、胸、腹等处，重大庆典时，他们会把全身涂得五颜六色。与绘身相比，文身就要忍受一些痛苦了。尽管要经历很多痛苦，但那些土著居民们对此却乐此不疲。在马绍尔群岛上有一个习俗，土著居民在文身之前要唱祈祷歌，而且还要奉上供品并跳起舞蹈，献给他们崇拜的据说是发明文身术的两位神——里奥第和兰尼第。

原 因 何在

远古人类究竟为何要这样费尽心机地去绘身或文身呢？有人推测可能是因为图腾或祖先崇拜。根据现有的人类学调查资料，在有关绘身和文身的实例中，最常见的便是把本部落的图腾绘制或文刺到自己的身上。在远古人类的心目中，本部族的图腾象征着自己的祖先或最受崇拜的主神，因而在身上绘有或文有这些图案能够得到神灵的保佑和帮助。中国古代南方的民族崇拜龙，人们总是喜欢把龙文在身上。

绘身和文身的另一个原因是出于某种巫术或宗教的目的。澳大利亚的土著人在出发打仗前全身都会涂成红色，而为死者举行丧礼时他们又会把全身都绘成白色，乞求天神的保护。多

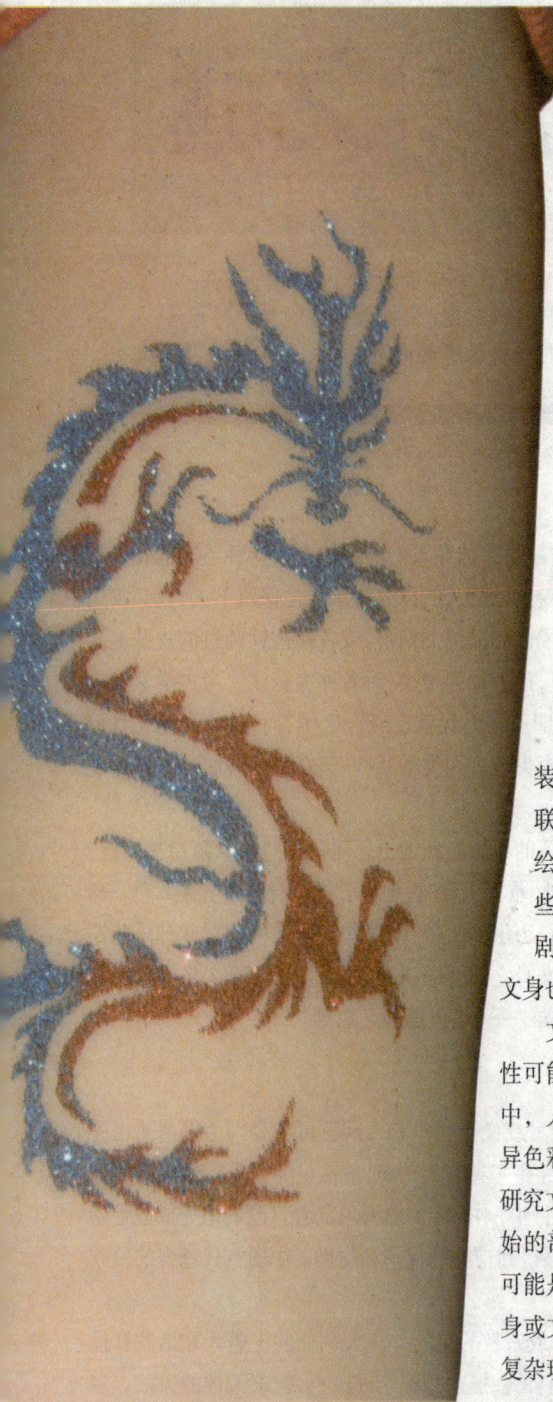

数澳洲土著部落的巫师在作法时都要在身上绘上花纹，否则人们便会认为他做的法术不灵。从绘身和文身上也可以看出这个人在社会中所占的地位。如在日本的阿伊努人的文身中，花纹大而直代表其社会地位较高，小而弯则代表社会地位较低；而加洛林群岛的土著人甚至明确规定，只有贵族阶级才有权在背部、手臂、腿部上黥刺精美的花纹，失去自由的人只能在手、足部刺上一些简单的线条。

还有一些学者认为，因为爱美，所以远古人类选择了绘身和文身，而其他目的或意义都是在日后慢慢衍生出来的。据记载，新西兰土著毛利妇女在成年以后都必须在下颌部，特别是嘴唇上文出一条条的横线，因为她们认为红嘴唇很难看，男人如果娶了红嘴唇的女人，会有一种耻辱感。

许多研究过绘身和文身风俗的学者认为，远古时期的绘身和文身可能与远古人类的服装、发式以及其他各种装饰物的发展演变存在着联系。但是，随着服装在人类社会中的逐渐推广，绘身和文身的风俗却在不断地消退。而今，在那些现代化的大都市里，绘身和文身只是在各种戏剧杂耍表演以及"潮人"中流行，不少人去绘身和文身也仅仅是出于好奇。

文身的现象虽然一直存在，现代人文身的目的性可能已经与原始人有了很大的区别。在现代文化中，人们无法理解原始人文身中那些充满神秘和怪异色彩的线条和图案，这也正驱使着更多的科学家研究文身这一神秘而又古老的文化现象。但是，在原始的部落中，宗教习俗、文化信仰或审美需要，都有可能是土著人绘身或文身的原因，因此，简单地把绘身或文身归结于某种单一的原因，是很难理解这一复杂现象的。

美国考古学家、耶鲁大学教授海勒姆·突格姆经过三年的研究，把被人们遗忘了三百多年的神秘古城——马丘比丘再次展现在世人面前。古城市建筑设计考究，布局严谨，充分显示了印加人的聪明才智和高超技艺。古城中所有建筑全部由精工凿平的巨石砌成，砌缝严密，就连刮须刀片也插不进。在仅有简单金属和石制工具的时代，印加人竟然能建造出如此的城市，真是令人不可思议。

关于印加人究竟有没有自己的文字这一问题，大多数专家认为，印加人还没有创造出自己的文字。但如此庞大的文明社会要靠什么联系呢？有人认为印加人是采用结绳记事的方法来传递信息。印加人称结绳记事为"基普"，有考古学家认为，"基普"实际上是一种会意文字。现在，这种用来记事的绳已被发现，如果有一天人们能够解开那些谜团，对于解开印加人之谜，一定会有特别大的帮助。

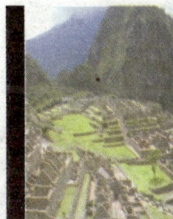

印加人之谜

SHIJIE TANSUO FAXIAN XILIE

十一世纪，印加人以库斯科为首都，在秘鲁高原上建立了印加帝国。十六世纪初，印加帝国发展成为古代南美洲最强大、最有影响力的文明社会。

马丘比丘

马丘比丘也被称作"失落的印加城市"，它是保存完好的印加遗迹，也是南美洲最重要的考古发掘中心。由于独特的建筑特点和险要的地理位置，马丘比丘成了印加帝国最为人熟知的标志。

印第安人种族之谜

SHIJIE TANSUO FAXIAN XILIE

一位西班牙神父认为，原先居住在巴勒斯坦北部的希伯来人，是美洲印第安人的祖先。而一些科学家则认为美洲的印第安人是西伯利亚迁徙而来的蒙古族旁系种族或蒙古族从前的种族派生的。

印第安人 的原住地

印第安人其实是对除了爱斯基摩人之外的所有美洲原住民的总括。美洲土著居民中的绝大部分都是印第安人，他们分布在南北美洲各个国家，人们通常将其划为蒙古人种的美洲支系。那么，印第安人是美洲大陆上土生土长的人种，还是从其他地方迁居而来的呢？对于这个问题，人们充满疑惑。

印第安人 的起源是个谜

许多学者指出，在对北美洲长久的考古发掘和科学考察中，仍未找到任何类人猿或直立猿之类的人类近亲的遗存，所以可以确定，美洲的印第安人是从西伯利亚迁徙而来的蒙古族旁系种族或蒙古族从前的种族派生的。与此相反的观点也存在，很多学者指出美洲印第安人是美洲大陆土生土长的种族。至今，人们仍然难以找到令人信服的答案。

印第安人居所

现在美洲仍然有很多印第安人保持着原来的生活习惯，他们过着刀耕火种的原始生活。图为某一印第安氏族在草原上的聚居房屋。

"扎赉诺尔人"是印第安人的祖先吗

SHIJIE TANSUO FAXIAN XILIE

印第安人是对除爱斯基摩人外的所有美洲原住民的总称。"扎赉诺尔人"则是旧石器时代末期至中石器时代初期的蒙古人种。二者之间有什么关系吗?

扎赉诺尔位于中国东北满洲里市以东 29 千米和海拉尔市以西 168 千米的地方,它的东、南、北三面是广阔的呼伦贝尔草原;西部则是气势磅礴的高尔真山丘陵。从 1927 年起,在扎赉诺尔的地下就发掘出了新石器时代的文化遗址。1933 年,顾振权发现第一颗人头骨,日本古人类学家远藤隆次把这颗人头骨定名为"扎赉诺尔人",从此以后,"扎赉诺尔人"就成了古人类学和考古学上的专用名词。1943 年,日本考古学家嘉纳金小郎在扎赉诺尔地区发现第二颗人头骨,1944 年,我国考古学家裴文中又发现第三颗人头骨。1973 年至今,科学家们又连续发现了 12 颗人头骨和完整的猛犸象骨架等。在地下 12.9 米深的地层中,科学家们还发现了箭头、圆头刮削器、石叶、石片、石核等工具和野牛、马、鹿、羚羊等化石。经科学测定,距今约一万一千多年前,就已经有人类在这一带劳动、生息、繁衍。

有些学者认为,由于发掘时的地层混乱,年代尚待进一步研究,总之,"扎赉诺尔人"遗址存在于 5 万 ~1 万年前,属于中石器时代。通过对"扎赉诺尔人"头像的复原,我们可以大略地窥见他们头部的形态:颧骨突出,门齿呈铲状,内侧成弧形,眉弓粗壮,是典型的原始黄种人的特征。古人类学家认为,在晚期智人阶段即"新人"、"真人"阶段(出现于近 5 万年内),原始人的体质形态与现代人类已经没有多大区别了,现代世界上三大人种,黄种(蒙古利亚人种)、黑种(赤道人种)、白种(欧罗巴人种)在这个时期已经形成。三大人种相互间的区别只在于外表,至于智力和体力,一切人种都是一样的。

原始扎赉诺尔人对石器的制造和加工有了较大的进步,已具有较高的劳动技巧和活动能力。他们改

善了打击、琢削、压削和修理石器的方法，因而制出的石器更加多样，更加精细美观、对称均匀、锋利适用。特别重要的是他们已懂得制造复合工具和复合武器，在木棒上装上石矛头而制成的矛，装上木刺的鱼叉，在木柄上装上石斧的斧等等。他们尤其善于把精制的石片嵌入骨柄中，制成带骨柄的刀或锯，这种工具适于剥削兽皮或树皮。因为他们懂得利用骨针和骨锥把兽皮缝制成衣服，所以他们不再完全赤身裸体了。制陶术的发明，是"扎赍诺尔人"处于新石器时代的重要标志之一，他们把一团粘土做成陶坯，再经过火烧制成陶器。陶器的出现便利于储存液体，并且使他们有了煮熟食物的器具，是他们生活发展中的一大进步。

"扎赍诺尔人"究竟是从哪里来的？许多学者认为，扎赍诺尔很可能是原始黄种人在迁徙到世界各地之前的人种，东往朝鲜、日本迁移，成为朝鲜人、日本人的祖先。还有些学者认为，大约距今5万年前，"扎赍诺尔人"的祖先从亚洲的东北部经过现在的白令海峡进入美洲。古地质学的研究证明，当时白令海峡有一条把亚洲与美洲相连接的大陆桥，"扎赍诺尔人"就是通过这条可以通行的陆桥到达美洲的，他们由北向南逐渐散居，分布于美洲各地，成为美洲印第安人的最早祖先，并且形成了具有各种不同文化和不同语言的部落和部族。由于印第安人自古有爱用红色染料涂抹脸部和身体的风俗习惯，因而过去欧洲有些人错误地认为印第安人是红种人。事实上，印第安人根本不是红种人，而是黄种人。他们的皮肤呈棕黄色，头发色黑而硬直，宽面圆颅，两颧骨突出，眉弓粗壮，这些体格形态上的特征与"扎赍诺尔人"很相似。究竟"扎赍诺尔人"是不是美洲印第安人的最早祖先，至今仍然是一个谜。

"扎赍诺尔人"的真相到底如何？他们究竟是怎样起源的？他们是怎样向亚洲各地、向美洲迁徙的？这至今仍然是无法解开的谜。人们终有一天会找出答案。

神秘侏儒族之谜

SHIJIE TANSUO FAXIAN XILIE

美丽的地球承载着无尽的神秘。人类究竟起源于何时?原始人的外形究竟有着怎样的特征?随着神秘的侏儒族被发现,关于人类起源的谜团更加扑朔迷离。

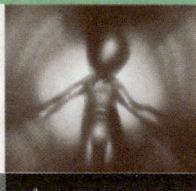

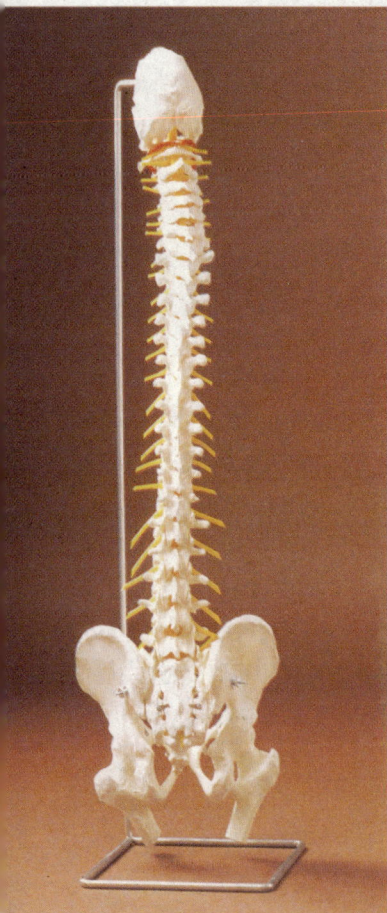

神秘 侏儒族

俄罗斯《真理报》曾经有这样一篇报道,2004年10月,古人类专家在印度尼西亚的弗洛勒斯岛的丛林洞穴里发现了八具远古人类的遗骸,人们将其称为"弗洛勒斯人"。经过科学检测,他们发现这些化石骨骼距今已有两万多年的历史了。他们猜测这些骨骼可能属于一个神秘的侏儒族,两万年前这个侏儒族可能是地球上的主宰。

侏儒人 和石器工具

侏儒人的身高仅有1米,科学家们开始以为这是一名10岁男孩的遗骸。经过实验室进一步的检测,科学家们发现这具骨架属于一名30岁的妇女。在这些古人类骨骼的旁边放置着许多石器工具,比如砍刀、铲子和针棒等。考古学家宣称,这种类似人类的物种或许属于一个侏儒国种族,他们由于一些无法解释的原因已经灭绝了。

侏儒人 消失之谜

弗洛勒斯人除了身材矮小、大脑体积小外,某些器官的构造也与人类有所不同,据说弗洛勒斯的男子脚底还长毛。但是弗洛勒斯人最终因为什么原因消失仍然是个谜。

莫奇人的文化

SHIJIE TANSUO FAXIAN XILIE

在秘鲁北部接近海岸的威鲁河流域，有一大片干旱贫瘠、尘土飞扬的土地。谁能想不到这片寸草不生的流域，竟然会是 2 000 年前莫奇人的家园。这里出土的文物显示了莫奇人哪些奇特的特征呢？

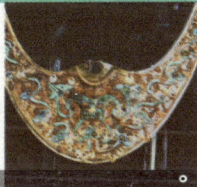

印第安 莫奇人

莫奇人，或者称莫奇卡人，他们属于印第安部族，比印加人早一千多年兴起。他们的文化在性和宗教方面有着极奇怪的观念。1946 年，哥伦比亚大学两位考古学家在威鲁河流域发掘出莫奇人的古墓，人们了解到了一些关于莫奇人对死亡和死后再生的看法。

陶艺中 反映出的奇怪习俗

许多莫奇陶器是身形古怪的人物痛苦得死去活来的造型，此外侏儒或身体残缺的人也十分普遍。

虽然，从许多墓址上所得的零星文字和材料中，已经让人们一步步地拼凑出这个民族与众不同的面貌，但相较于两千年多前的莫奇人的文明来说，这只是冰山一角。因为关于莫奇人的文明仍有许多匪夷所思的谜团需要科学家去揭示。

文化遗址

在对莫奇人文化遗址考古研究的基础上，科学家们发现，莫奇人的社会等级特征十分分明，而且，陶器是莫奇人文化中的精髓，可以说，他们用陶器书写了属于自己的历史。

「长耳人」之谜

SHIJIE TANSUO FAXIAN XILIE

SHIJIE TANSUO FAXIAN XILIE

复活节岛的众多神话和传说中难以找到关于第一个统治者霍多·玛多阿来到之前的土著人的任何描述,然而岛上的毛阿依·卡瓦卡瓦雕像却使人们看到复活节岛早期居民的容貌。

复活节 岛上的长耳人

在人类的遗传过程中,总是会有无数的变异现象出现,这样,人与人的相貌就会出现差异。比如每个人的耳朵都不同,有大耳朵、小耳朵、短耳朵,当然还有长耳朵等。那么"长耳人"的传说你是否听过呢?

毛阿依·卡瓦卡瓦雕像身体瘦弱,肋骨外突,腹部凹陷,长耳朵,山羊须。在一些国家的博物馆中,至今仍保存着这些用光滑坚硬、闪闪发光的托洛米洛木雕刻成的小雕像。

复活节岛上几乎每个居民家中都有这种特别的木雕。显而易见,它们是人们膜拜的对象。第一个来到复活节岛的西方传教士埃仁·埃依洛说:"有时会看到当地居民将小雕像举到空中,做出各种手势,边跳舞边唱着一些似乎毫无意义的歌曲。"他认为,当地居民并不了解这样做的真正含义,他们仅仅是在机械地重复父辈曾经做过的动作。当地居民说这是他们的习惯。

我们从岛上的大雕像上可以看出,岛上的早期居民长着一对大耳朵。岛上的很多传说都联系着"长耳人"哈纳乌·耶耶彼和"短耳人"哈纳乌·莫莫科,并讲到了"长耳人"雕刻巨大的石像以及"长耳人"和"短耳

复活节岛石像

复活节岛上数百尊巨人石像造型奇特,雕工精湛,令人叹服,而且每个石像都是大耳垂肩。这些石像会不会就是复活节岛上的早期居民——长耳人留下来的呢?

人"之间的战争,还有"长耳人"在壕沟中死去的凄惨情景。海尔达尔在20世纪中期曾在岛上看到头领彼德洛·阿坦的肤色同欧洲人一样,他就是幸免于难的"长耳人"后裔。"长耳人"是何时来到复活节岛的呢?有人说他们比霍多·玛多阿来得早,有人说他们是一起来的,还有人说他们比霍多·玛多阿来得晚。

科学家同复活节岛人曾经为此进行了一场激烈的争论。著名旅行家基利莫齐对复活节岛的历史有深入研究,他曾断言,新的"长耳人"是同霍多·玛多阿一起来的,却遭到了很多人的反对,说他们并不是和霍多·玛多阿一起来的,而是在不久之后和一位叫做图乌科·依霍的首领一起来的。

长耳人 扑朔迷离的来源

如此说来,"长耳人"的身份变得更加扑朔迷离了。复活节岛的人一向有把耳朵拉长的习俗。一些岛民的耳垂垂到肩部,还有些人的耳垂上挂着白色的圆饼形等非常特别的耳饰。

我们不禁会问:这种将耳垂拉长的习惯是从何而来的?

在印度迈索尔有一座30米高的戈麦捷什瓦拉的花岗岩石雕像,它完工于公元938年,远远大于复活节岛的最大雕像,它的耳垂一直垂到肩上,是名副其实的"长耳人"。印度南部的水彩壁画和马哈巴利普拉罗庙宇的壁画以及浮雕上的全部人物,都是"长耳人"。在佛国印度,长耳是佛的重要特征,所有的菩萨塑像都有着非常长的耳朵。不仅佛有长耳垂,而且诸神也都是"长耳人"。印度的三大主神——梵天、毗湿奴和湿婆也都是长耳朵。佛教中的佛陀,和教会中的圣徒,甚至连凶神恶煞也都有长耳朵。东南亚各部族也有将耳垂拉长的习惯。惊人雷同的现象背后是不是存在某种难以解释的关联呢?波利尼西亚和复活节岛的祖先是不是从印度迁居来的,这些都不得而知。然而这也仅仅是一个大胆的假设而已,事实的真相仍然需要不断地探索。

蓝色人种之谜

SHIJIE TANSUO FAXIAN XILIE

众所周知,世界上存在着黄、白、黑、棕四色人种,但科学家们在非洲西部、智利奥坎基尔查峰和喜马拉雅山上都发现了蓝色皮肤的人。世界上有蓝色人种吗?对于这个看似荒谬的问题,现在人们可以肯定地回答:"有。"

发现 蓝色人

一支考察队在非洲西部一个与世隔绝的山区进行自然植被与野生动物的考察及研究时,队员们在树的缝隙中看见有几个像原始人一样用兽皮、树叶遮体的人,仔细一看竟发现这些人的皮肤呈淡蓝色。当这些蓝色皮肤的人发现附近有陌生人后,一转眼便消失在密林之中。

经过考察队员的进一步调查,几天后,他们终于发现了这些蓝色皮肤的人。这些蓝皮肤的人有一个庞大的家族,居住在洞穴之中,过着狩猎生活。

其他 案例及其解答

在这奇特的发现公布后不久,美国加利福尼亚大学医学院的著名运动生理专家韦西,在智利奥坎基尔查峰海拔六千多米的高处,也发现了适应力极强、全身皮肤发着蓝光的人种。韦西说,在这样高的山峰上,空气十分稀薄,含氧量很少,不适合人类生存,可这些奇特的蓝色人,却像机灵的猴子一样,行动敏捷、来去自如。

科学家们认为,高山环境中氧的含量很少,而血液中的血红蛋白在氧气缺乏时会变成蓝色,蓝色人种的肤色因此形成。也有科学家指出,蓝色人种的肤色是由于某种病态基因造成的,总之,关于蓝色皮肤的形成原因,说法很多,至今还没有定论。

奥茨雪人死因之谜

SHIJIE TANSUO FAXIAN XILIE

1991年，在阿尔卑斯山上，两位旅行者发现了一具被冰层包裹的男尸。后经考古学家测定，这具男尸生前生活在五千三百多年前的石器时代，考古学家以男尸发现地的名字将其命名为"奥茨雪人"。

"奥茨雪人" 死因猜想

科学家根据仅有的DNA材料测定出，"奥茨雪人"在死前吃了一顿饭，分析还发现，他头发里铜和砷的含量都很高，这表明他的工作可能是炼铜。死亡的时候"奥茨雪人"患有关节炎，还感染了鞭虫寄生虫。在CT扫描中，科学家们发现，"奥茨雪人"的左肩胛骨深处有一个石制箭头。人们初步推断，"奥茨雪人"可能是在近身肉搏受伤后，在逃跑过程中中箭身亡的。

根据最新"奥茨雪人"DNA血液分析结论，人们推测"奥茨雪人"之死应有另外一种解释。和人们最初的猜测一样，"奥茨雪人"的确是死于非命，但这可能是一场持续了一天或者两天的预谋凶杀。冲突中，"奥茨雪人"至少遭到了四个人的围攻。谋杀致死的结论，给来自五千三百多年前的"奥茨雪人"又增添了一层神秘感。

死因推测

除了被杀的说法，还有考古学家推测"奥茨雪人"是因为在雪山中迷路了，最终被冻死在那里的。特殊的气候和冰雪环境使"奥茨雪人"得以完整地保存下来。

ⓒ 崔钟雷 2011

图书在版编目(CIP)数据

不可思议的人类悬案 / 崔钟雷编.—沈阳：万卷
出版公司，2011.11（2019.6重印）
（世界探索发现系列）
ISBN 978-7-5470-1785-2

Ⅰ.①不… Ⅱ.①崔… Ⅲ.①世界史—儿童读物
Ⅳ.①K109

中国版本图书馆 CIP 数据核字（2011）第 217099 号

世界探索之旅

出版发行：北方联合出版传媒（集团）股份有限公司
　　　　　万卷出版公司
　　　　　（地址：沈阳市和平区十一纬路 29 号 邮编：110003）
印 刷 者：北京一鑫印务有限责任公司
经 销 者：全国新华书店
开　　本：690mm×960mm　1/16
字　　数：100 千字
印　　张：7
出版时间：2011 年 11 月第 1 版
印刷时间：2019 年 6 月第 4 次印刷
责任编辑：苏　萍
策　　划：钟　雷
装帧设计：稻草人工作室
主　　编：崔钟雷
副 主 编：刘志远　黄春凯　翟羽朦
ISBN 978-7-5470-1785-2
定　　价：29.80 元

联系电话：024-23284090
邮购热线：024-23284050/23284627
传　　真：024-23284448
E－mail：vpc_tougao@163.com
网　　址：http://www.chinavpc.com